不同地表处理及潜水位下土壤水热迁移规律的试验研究

陈军锋 著

内 容 提 要

本书主要介绍了季节性冻融期土壤的自然冻融过程及地表覆盖、灌水及潜水等对土壤冻融特征的影响，对地膜覆盖和秸秆覆盖下的冻融土壤水分入渗特性、不同秸秆覆盖量和不同潜水位下的土壤水热时空变化规律、不同气温降幅冻结作用潜水浅埋条件下土壤水热迁移规律进行了试验研究，对潜水浅埋条件下潜水与土壤水的转化规律进行了定量分析研究。

本书可作为从事水资源评价、水土保持、农业生产及冻土研究等相关科研人员和工程技术人员的参考用书，也可供高校相关专业师生参阅。

图书在版编目（CIP）数据

不同地表处理及潜水位下土壤水热迁移规律的试验研究 / 陈军锋著. -- 北京 : 中国水利水电出版社, 2014.12
ISBN 978-7-5170-2796-6

Ⅰ. ①不… Ⅱ. ①陈… Ⅲ. ①土壤水－冻融循环－研究 Ⅳ. ①P642.14

中国版本图书馆CIP数据核字(2014)第312110号

书　　名	**不同地表处理及潜水位下土壤水热迁移规律的试验研究**
作　　者	陈军锋　著
出版发行	中国水利水电出版社 (北京市海淀区玉渊潭南路1号D座　100038) 网址：www. waterpub. com. cn E-mail：sales@waterpub. com. cn 电话：(010) 68367658（发行部）
经　　售	北京科水图书销售中心（零售） 电话：(010) 88383994、63202643、68545874 全国各地新华书店和相关出版物销售网点
排　　版	中国水利水电出版社微机排版中心
印　　刷	北京嘉恒彩色印刷有限责任公司
规　　格	170mm×240mm　16开本　7.5印张　158千字
版　　次	2014年12月第1版　2014年12月第1次印刷
印　　数	0001—1500册
定　　价	**23.00**元

前　　言

冻融条件下的土壤水热迁移是一个多因素综合作用的复杂物理过程，包括土壤冻融过程、冻融土壤水分入渗和土壤剖面水热迁移等问题，土壤冻融过程中的水热迁移研究成果对于合理确定农业灌溉技术参数，水资源评价，有效利用土中水、热资源合理解决寒区和极地资源的开发，土壤盐渍化防治及基础工程建设等实际问题都具有重要意义。

以国家自然科学基金项目《季节性冻融期不同地表条件下非饱和带土壤水分迁移转化规律的研究》（项目批准号：40472132）、山西省自然科学基金项目《干旱半干旱气候区冬春季节土壤水热动态预测技术研究》（项目批准号：2012011033－2）和太原理工大学2012年校青年基金项目《季节性冻融期地下水浅埋区潜水与土壤水转化规律的研究》（2012L016）为依托，进行了大量的室内外试验研究，本书归结了国家自然科学基金项目和山西省自然科学基金项目的部分试验研究成果，采用试验分析法研究了冻融土壤的水热迁移问题。

基于大量的田间试验，分析了季节性冻融期土壤的自然冻融过程，地表覆盖、灌水及潜水等对土壤冻融特征的影响，以及季节性冻融期地膜覆盖和秸秆覆盖下的土壤水分入渗特性；采用数理统计法研究了不同秸秆覆盖量和不同潜水位下的土壤水热时空变化规律；通过室内潜水浅埋条件下的土壤单向冻结试验，研究了不同气温降幅冻结作用下土壤水热迁移的规律；探索了季节性冻融期不同潜水位埋深下潜水与土壤水的转化规律。

衷心感谢我的恩师郑秀清教授多年来对我的悉心指导和谆谆教导，从留校任教到博士毕业及本书的顺利出版，均凝聚了郑老师的大量心血。感谢邢述彦教授、山西省水文勘测局太谷均衡实验站站长孙明高工、李金柱高工、薛明霞工程师等对试验工作给予的大力支持和帮助！感谢杨军耀副教授对室内土壤冻结试验的指导！感谢研究生吕薛锋和张厚泉为室内土壤冻结试验顺利完成付出的辛勤劳动！

本书可作为水利类和农业类相关学科科研人员的参考用书，由于作者专业知识、学术水平和实践经验有限，书中难免有错误之处，恳请读者批评指正。

作者

2014年8月

目　录

第1章 绪 论

水资源短缺、洪涝灾害、水环境恶化三大水问题是制约我国国民经济发展的主要问题，党中央、国务院十分重视水资源问题，江泽民曾指出："水是人类生存的生命线，也是农业和整个经济建设的生命线。"2014年6月，习近平就保障国家水安全问题发表了重要讲话，精辟论述了治水对民族发展和国家兴盛的极端重要性，深刻分析了当前我国水安全的严峻形势。我国水资源总量丰富，但人均水资源占有量仅为世界平均水平的1/4。随着社会经济的飞速发展，水资源的供需矛盾日剧尖锐。水资源的严重短缺已经成为影响我国工农业经济发展、居民饮水安全的最主要因素，在我国北方干旱半干旱区，水资源短缺问题尤为严重，其中农业用水问题更是雪上加霜。在有限的水资源条件下，如何高效合理开发利用水资源、减少水资源的无效耗损是缓解水资源供需矛盾的主要途径之一。

温度在0℃或0℃以下，并含有冰的各种岩土和土壤均称为冻土。其中，3年或3年以上处于冻结状态的土层为多年冻土；冬季冻结、夏季全部融化的土层为季节性冻土。我国多年冻土面积为$2.068\times10^6 km^2$，约占全国国土总面积的1/5；季节性冻土面积为$5.137\times10^6 km^2$，约占全国国土面积的53.5%[1-2]。季节性冻土主要分布于北纬30°以北地区，而这些地区大多数属于干旱、半干旱、水资源严重短缺区。近年来，随着干旱及水污染灾情的日益加重，农业生产的发展严重地受着干旱缺水的威胁。为了减少由土表蒸发引起的土壤水分的无效损失，提高作物水分利用效率，生产中常采用土壤表面覆盖的方法。冬季地面覆盖是近几年来为解决北方缺水地区水资源短缺而进行土壤储水保墒的一项重要措施，对于合理高效利用水资源意义重大。

土壤水是联系地表水和地下水的纽带，是土壤三相组成中最活跃的因素。在地下水浅埋区，潜水与土壤水联系密切，两者相互转化十分强烈，特别是在季节性冻融期，土壤的冻结与融化过程使得本已转化强烈的过程更加复杂化。潜水与土壤水相互迁移转化是大气降水、灌溉水、土壤水与地下水循环的一个重要环节，在此过程中，涉及到潜水蒸发、地表土壤蒸发等关键性问题。在非冻结期，潜水蒸发是潜水向土壤剖面输送水分，水分和水中的盐分自下而上在土壤中运动，并通过土壤蒸发或植物蒸腾进入大气的过程，地表水分进入大气而盐分留在土壤上层，所以在一些蒸发强烈的干旱地区，潜水蒸发也是导致土壤盐渍化的主要原因，进而影响作物的正常生长。

在季节性冻融期，潜水蒸发并非完全通过土壤蒸发逸散出土壤剖面，由于土壤冻结作用潜水存储于土壤剖面中。冻结期潜水向土壤水转化，消融期土壤水回补潜水[3]，土壤冻结作用导致了潜水的耗损[4]、土壤剖面水分和盐分迁移产生了冻害和土壤盐碱化问题[5-6]。因此，地下水浅埋区土壤水热迁移问题的研究对于地下水浅埋区地下水资源量的科学评价和土壤盐碱化防治等具有重要的指导意义，对于进一步揭示冻融期地下水浅埋区潜水与土壤水的转化规律具有一定的理论意义。

冻融条件下的土壤水热迁移是一个多因素综合作用的复杂物理过程，土壤冻融过程中的水热迁移研究成果对于合理确定农业灌溉技术参数、水资源评价、有效地利用土中水、热资源合理解决寒区和极地资源的开发、土壤盐渍化防治及基础工程建设等实际问题都具有重要意义[7]。冻融土壤水热迁移规律的研究已成为国际前沿学科关注的热点，许多中外学者从不同角度对不同区域的季节性冻土特征进行了研究。Talamucci 等[8]对多孔介质冻融过程中冰晶的形成以及土壤的冻胀进行了分析；Fremond 等[9]基于能量守恒、墒不等概念以及流动率与自由边界正交的原则建立了水热运移耦合方程，对土壤冻融过程进行了模拟；Goering 等[10]依据质量、动量及能量守恒建立了多孔介质中水、热耦合三维数值模型，并将计算结果与室内土壤冻融试验进行了对比分析。Shoop 等[11]根据试验监测数据建立了数学模型，对冻融期非饱和土壤的水分迁移进行了研究；Milly[12]采用以土壤基质势和温度为变量的土壤水、汽、热耦合方程，模拟了等温、非等温条件下非均质土壤的水分运动。

国内在此方面的研究起步较晚，但发展很快。周德源等[13]对内蒙古河套灌区季节冻土水分迁移规律做了研究；张立杰等[14]采用野外试验手段，通过气象、土壤剖面水分含量及土水势能的观测分析，研究了季节性冻融过程中土壤水分迁移规律及潜水的形成特征；刘海昆等[15]分析了我国北方冻土的变化过程，并就土壤冻结作用对土壤水分的动态影响进行了综合分析；王风等[16]应用中子仪—TDR 联合测定法对冻融过程中黑土固态水和液态水分含量的动态特征进行了分析，研究表明固态水含量是土壤温度和土体含水量综合作用的结果；朱春鹏等[17]对季节冻土区高速公路路基土中的水分迁移变化进行了研究，张树光[18]进行了风积土在不同冻结温度、含水量、干密度等条件下的水分迁移试验，设计了风积土在水分、温度、荷载作用下的冻融试验，研究了风积土的冻胀特征，从工程地质角度研究了冻融作用下水热迁移对土的力学特性影响；王子龙等[19-20]运用统计学理论与方法分析了季节性冻土区不同时期土壤剖面水分的空间变异特征。苑俊廷等[21]季节性冻融期 3 种处理地块土壤剖面含水率的变化特征进行了研究。郑秀清等[22]对豆茬地水分的入渗特性进行了研究。

由于冻融土壤水热迁移的复杂性和边界条件的多变性，一些研究学者采用数值模拟方法进行了大量研究，杨诗秀等[23]人建立了土壤冻结条件下的水热耦合迁移的数值模拟模型，并进行了室内试验检验；安维东等[24]人进行了渠道冻结时水热迁移的数值模拟；郑秀清等[25]采用垂向一维水热耦合迁移数值模拟模型，研究冻融条件下田间土壤水分运移规律；张殿发等[26]探讨冻融土壤中水运移机理并模拟其运移规律；汪丙国等[27]建立了土壤沟垄微地形条件下土壤剖面二维饱和—非饱和水流数学模型，对冬小麦生长条件下土壤水分的动态变化规律进行了模拟；陆垂裕等[28]提出了可以用来统一计算土壤剖面降雨、灌溉入渗、地表积水、地表径流、蒸发、蒸腾以及当这些现象交替出现时的复杂上表面边界条件的一维土壤水运动数值模型并进行了应用分析。近年来，土壤—植被—大气系统模型在冻土水热耦合迁移研究中得到了广泛的应用[29-32]，Flerchinger 等[33]对作物残茬覆盖条件下土壤水热迁移规律进行了模拟研究；李瑞平等[34-36]运用 SHAW 模型对内蒙古河套灌区 3 种盐渍化土壤冻融期水热盐动态变化进行了模拟研究，并分析了秋灌制度对田间土壤水盐运移的影响；赵林等[37-38]利用唐古拉综合观测场活动层及气象塔 2007 年的数据资料，采用 SHAW 模型对唐古拉地区活动层土壤水热特征进行了单点数值模拟研究；阳勇等[39]以黑河源区高山草甸冻土带的基本气象参数、植被参数和土壤水热性质参数为输入条件，利用 COUPMODEL 模型计算了试验点两个完整年度日尺度上的各种基本水热状况；胡国杰等[40]利用 COUPMODEL 模型，对唐古拉研究区活动层土壤的水热特征进行模拟；胡和平等[41]建立了综合考虑土壤冻融、土壤水汽通量、植被覆盖和陆面—大气近地层水热交换的一维冻土—植被—大气连续体模型，模拟了固液相变、气态水迁移、土壤水、汽、热耦合迁移等过程，应用该模型对青藏高原安多观测点的水热交换过程进行了模拟分析。

可见，目前冻融期土壤水热耦合迁移的研究方法主要有实验分析法和数值模拟分析法。实验分析是通过田间试验或室内实验进行土壤冻结或融化过程中土壤水分和土壤温度的动态监测，分析土壤水热迁移机理及其变化规律。由于田间试验大多是在一定的小气候条件下进行的，因此研究成果在应用中有一定的局限性。数值模拟分析方法则是利用土壤水动力学基本原理，通过建立冻融土壤系统水热耦合迁移的数学模型，用数值法求解该模型，进而分析土壤水热的变化规律，该方法具有一定的普遍性和灵活性，可用于模拟不同气候、不同土壤、不同耕作条件下的水热耦合迁移规律，因此越来越受到学者们的重视。

总之，冻融土壤水热迁移的研究成果涉及面较广，在冻融土壤水热迁移的模拟研究和室内外试验方面均取得了较多的研究成果，对水热迁移规律有了一定的认识。但由于研究课题的复杂性及试验研究条件的限制，较少考虑地表覆盖措施、潜水及气温变化幅度等对冻融土壤水热迁移的影响。

参考文献

[1] 徐学祖，王家澄．中国冻土分布及其地带性规律的初步探讨．第二届全国冻土学术会议论文选集［M］．兰州：甘肃人民出版社，1983.

[2] 周幼吾，郭东信，程国栋，等．中国冻土［M］．北京：科学出版社，2000.

[3] 尚松浩，雷志栋，杨诗秀，等．冻融期地下水位变化情况下土壤水分运动的初步研究［J］．农业工程学报，1999，15（2）：64－68.

[4] 赵东辉．原状土冻结期间潜水消耗初步研究［J］．冰川冻土，1997，19(1)：73－78.

[5] 徐学祖，邓友生．冻土中水分迁移的实验研究［M］．北京：科学出版社，1991.

[6] 张殿发，王世杰．土地盐碱化过程中的冻融作用机制［J］．水土保持通报，2000，20(6)：14－17.

[7] 程国栋．中国冻土研究近今进展［J］．地理学报，1990，45(2)：220－223.

[8] Talamucci F. Freezing processes in porous media：Formation of ice lenses，swelling of the soil [J]. Mathematical and Computer Modeling，2003，37(5－6)：595－602.

[9] Fremond M，Lassoed R. Rain falling on a frozen ground［A］．Thymus J F. Ground Freezing 2000［C］．Rotterdam：Balkema，2000，25－30.

[10] Goering D J，Instanes A，Kundsen S. Convective heat transfer in railway embankment ballast［C］．// Thymus J F. Ground Freezing 2000. Rotterdam：Balkema，2000：31－36.

[11] Shoop Sal1y. A and Bigl Susan. R. Moisture migration during freeze and thaw of unsaturated soils：Modeling and large scale experiments［J］．Cold Regions Science and Technology，1997，25(1)：33－45.

[12] Milly P. C. D. Moisture and heat transport in hysteretic inhomogeneous porous media [J]．Water Resources，1982，18（3）：489－498.

[13] 周德源．河套灌区季节冻土水分迁移规律［J］．内蒙古水利，1994，1：27－30.

[14] 张立杰，常兴义．季节性冻土区包气带土壤水分运移规律的研究［J］．黑龙江水利科技，1996，3：20－24.

[15] 刘海昆，黄树祥，王慧．论冻土对土壤水分动态的影响［J］．黑龙江水利科技，2002，3：87.

[16] 王风，乔云发，韩晓增，等．冻融过程黑土 2m 土体固液态水分含量动态特征［J］．水科学进展，2008，19(3)：361－366.

[17] 朱春鹏，张喜发，张冬青．季节性冻土地区道路冻深的研究［J］．辽宁交通科技，2004，(4)：16－18，33.

[18] 张树光．辽西地区风积土的强度、冻融特性及其分形性质的研究［D］．辽宁工程技术大学，2004.

[19] 王子龙，付强，姜秋香，等．季节性冻土区不同时期土壤剖面水分空间变异特征研究［J］．地理科学，2010，30(5)：772－776.

[20] Wang Z L，Fu Q，Jiang Q X，etal. Numerical simulation of water － heat coupled

movements in seasonal frozen soil [J]. Mathematical and Computer Modeling, 2011, 54 (3): 970 - 975.

[21] 苑俊廷，陈军锋，郑秀清，等．季节性冻融期土壤剖面含水率变化特征研究 [J]．河南农业科学，2008，(5)：56 - 58.

[22] Zheng X Q, Vanliew M W, Flerchinger G N. Experimental study of infiltration into a bean stubble field during seasonal freeze - thaw period [J]. Soil science. 2001, 166 (1): 3 - 10.

[23] 杨诗秀，雷志栋，朱强，等．土壤冻结条件下的水热耦合运移的数值模拟 [J]．清华大学学报，1988，28(1)：112 - 120.

[24] 安维东，陈肖柏，吴紫汪．渠道冻结时热质迁移的数值模拟 [J]．冰川冻土，1988，9(1)：35 - 46.

[25] 郑秀清，樊贵盛．冻融土壤水热迁移数值模型的建立及仿真分析 [J]．系统仿真学报，2001，13(3)：308 - 311.

[26] 张殿发，郑琦宏．冻融条件下土壤中水盐运移规律模拟研究 [J]．地理科学进展，2005，24(4)：46 - 55.

[27] 汪丙国，靳孟贵，方连育，等．沟播冬小麦田土壤水流动系统模拟 [J]．中国农村水利水电，2006(2)：35 - 37，40.

[28] 陆垂裕，裴源生．适应复杂上表面边界条件的一维土壤水运动数值模拟 [J]．水利学报，2007，38(2)：136 - 142.

[29] Nassar I N, Horton R, Flerchinger G N. Simultaneous heat and mass transfer in soil columns exposed to freezing - thawing conditions [J]. Soil Science, 2000, 165(3): 208 - 216.

[30] Scherler M, Hauck C, Hoelzle M, et al. Meltwater Infiltration into the Frozen Active Layer at an Alpine Permafrost Site [J]. Permafrost and Perglacial Process, 2010, 21 (4) : 325 - 334.

[31] Wu S H, Jansson P - E, Zhang X Y D. Modeling temperature, moisture and surface heat balance in bare soil under seasonal frost conditions inChina [J]. European of Journal of Soil Science, 2011, 62(6): 780 - 796.

[32] Wu S H, Jansson P - E, Kolari P. Modeling seasonal course of carbon fluxes and e-vapotranspiration in response to low temperature and moisture in a boreal Scots pine e-cosystem [J]. Ecological Modelling, 2011, 222(17): 3103 - 3119.

[33] Flerchinger G N, Sauerb T J, Aiken R A. Effects of crop residue cover and architec-ture on heat and water transfer at the soil surface [J]. Geoderma, 2003, 116(1): 217 - 233.

[34] 李瑞平，史海滨，赤江刚夫，等．基于水热耦合模型的干旱寒冷地区冻融土壤水热盐运移规律研究 [J]．水利学报，2009，40(4)：403 - 412.

[35] 李瑞平，史海滨，王长生，等．秋灌定额对越冬期土壤水盐运移分布的影响 [J]．灌溉排水学报，2010，29(6)：43 - 46.

[36] Li R P, Shi H B, Flerchinger G N, et al. Simulation of freezing and thawing soils in Inner Mongolia Hetao irrigation district, China [J]. Geoderma, 2012, 173 - 174(3): 28 - 33.

[37] 赵林，李韧，丁永建．唐古拉地区活动层土壤水热特征的模拟研究［J］．冰川冻土，2008，30(6)：930-936.

[38] 刘杨，赵林，李韧. 基于SHAW模型的青藏高原唐古拉地区活动层土壤水热特征模拟［J］．冰川冻土，2013，35(2)：280-290.

[39] 阳勇，陈仁升，吉喜斌，等．黑河高山草甸冻土带水热传输过程［J］．水科学进展，2010，21(1)：30-34.

[40] 胡国杰，赵林，李韧，等．基于COUPMODEL模型的冻融土壤水热耦合模拟研究［J］．地理科学，2013，33(3)：356-362.

[41] 胡和平，叶柏生，周余华，等．考虑冻土的陆面过程模型及其在青藏高原GAME/Tibet试验中的应用［J］．中国科学D辑地球科学，2006，36(8)：755-766.

第2章　试验内容及方法

2.1　田间试验

试验区位于太原盆地，太原市以南60km处的太谷县武家堡村，行政区隶属于晋中市太谷县，地理位置位于东经112°30′～112°33′，北纬37°26′～37°27′之间。试验区属大陆性干旱半干旱气候，主要特征是春季风大雨少，夏季雨量高度集中，秋季阴雨连绵，冬季寒冷少雪。多年平均（1954—2008年）气温9.9℃；年降水量415.2mm，主要集中在6—9月；水面蒸发能力1642.4mm（小型蒸发器）；历史最大冻土深度92cm（1960年），多年平均相对湿度74%，多年平均风速0.9m/s，全年平均无霜期200d。试验区东高西低，海拔高程为773.0～783.0m，地面坡度3‰。其北部边界为汾河支流乌马河，是一条间歇性河流，由东向西流过，它的上游建设有中型水库（庞庄水库），一般年份无弃水，丰水年份有水流过。东部边界为太徐公路，南西边界为乡村道路。20世纪60—70年代开挖的祁太退水渠从试验区中心通过。

试验区位于第四系冲洪积平原区，地表以砂壤土为主，土壤质地以砂土、壤砂土、砂壤土、壤砂土和黏土互层为主，具有水平分带性。地下水为松散岩类孔隙水系统，含水层岩性以粉细砂、细砂为主，并具有多层性和透镜体，单层厚1.0～2.0m，总厚15.0～25.0m；地下水位埋深25.0m。

山西省水文水资源勘测局太谷均衡实验站由中心实验场和地下水均衡区两部分组成，面积分别为0.011km^{2}和7.72km^2，设有蒸渗计观测系统、模拟池观测系统、包气带观测系统、地面气象观测系统、地下水均衡区观测系统5大系统，是目前我国规模较大、观测实验项目较全的省级水均衡试验站之一。如图2.1所示。

试验站地面气象观测系统按县级气象站规模设立，观测项目有：气温、地温（分地表、5cm、10cm、15cm和20cm5个深度）、雪深、天气现象、风向风速、相对湿度、水汽压、降水量、小型蒸发量、E601蒸发量、冻土深度、日照和太阳辐射。地面气象观测于2004年1月1日开始，于2007年12月31日结束，观测时间为每天北京时间8：00和20：00。根据水均衡实验要求进

图 2.1　山西省水文水资源勘测局太谷均衡实验站

行 2m 高风向风速与 10m 高风向风速对比观测，地面 70cm 雨量与 0cm 雨量对比观测，天空辐射与太阳直接辐射对比观测。所有观测项目均按国家气象标准执行。太阳辐射量观测时间为每天北京时间 8：00、11：00、14：00、17：00 和 20：00，冬季 20：00 是日落时间，不监测。

2.1.1　冻融土壤入渗试验

2004 年 11 月至 2005 年 3 月采用自制双套环入渗仪进行了入渗试验，内环直径 26cm，外环直径 80cm，在地表封冻前，一次性预埋于试验地块，内环下环深度为 20cm。入渗内环供水用量筒计量，内外环水位用自制的钢卡装置控制。土壤含水率采用烘干法测定，土壤温度采用预埋热敏电阻（电阻值误差 0.5Ω）测定，测定深度均为 5cm、10cm、15cm、20cm、40cm、60cm 和 100cm。地表封冻前打孔，将热敏电阻全部预埋在蒸渗计中，根据测定的电阻值，按律定关系求得土壤剖面温度。其关系式为

$$R_x=R_{25}e\left(\frac{B}{273.15}-\frac{B}{298.15}\right)\text{或 } x=\frac{B}{\ln\frac{R_x}{R_{25}}+\frac{B}{298.15}}-273.15$$

式中　R_{25}、R_x——实时实测电阻和 25℃时的电阻值，Ω；

x——实时温度值，℃；

B——常数，一般取 3000。

试验田为山西省水文水资源勘测局太谷均衡实验站休闲深耕地，土壤类型为壤土，有明显的犁底层，耕作层深度约 20cm，其土壤含水率平均为 19.8%。试验田块分为裸地（LD）、地膜覆盖地（MD）和秸秆覆盖地（JD）3 种。MD 覆盖物为厚度 0.1mm 的聚乙烯白色塑料布；JD 覆盖物为玉米秸

秆，长约5cm，平均厚度为18cm。试验采用积水入渗的方法，内外环积水深度均为2cm。入渗试验重复一次，取其平均结果，试验用水为深井水，水温变化在1.5～9℃。冻融期间，入渗试验、地温和土壤含水率的监测均始于8：00。

2.1.2 土壤温度和土壤含水率监测

1. 冻融期不同日期灌水

试验田为秋耕休闲地，土壤类型为壤土，试验田块分为LD、MD和JD。为了充分揭示冻融期不同冻融阶段灌水对土壤温度和冻融特性的影响，2004年11月至2005年3月共进行了24组田间试验。每种地表条件的试验地块分8块，分别以G0～G7表示，G0代表冻融期未灌溉地块，G1～G7分别代表不同灌水日期地块，冻融期仅灌水一次，灌水定额均为$225m^3/hm^2$，灌水时间均为上午8：00，灌水水源为试验区地下水，水温6～8℃。灌水日期见表2.1。土壤含水率采用干燥法测定，土壤温度采用热敏电阻测定，冻结与融化深度采用人工土钻取土观测法确定，观测时间均为8：00～9：00。

表2.1 季节性冻融期系列灌水试验地块设计

地块	灌水日期/(月-日)	冻融阶段
G1	11-30	不稳定冻结阶段(2004年11月11日至2004年12月24日)
G2	12-14	
G3	12-27	稳定冻结阶段(2004年12月25日至2005年2月12日)
G4	01-06	
G5	02-16	消融解冻阶段(2005年2月13日至2005年3月17日)
G6	02-25	
G7	03-15	

2. 不同秸秆覆盖量

试验田为秋耕休闲地，土壤类型为壤土，试验田块分为裸地（LD）和5种不同覆盖厚度（5cm、10cm、15cm、20cm和30cm）的玉米秸秆覆盖田块，分别记为JD05、JD10、JD15、JD20和JD30。每一种地表处理分别设3个重复，共有试验田块18个，每个田块规格为3m×3m。冻融期同步监测土壤水分动态、土壤温度和冻层深度，监测于2005年11月11日开始，监测时间均为8：00～9：00。

（1）土壤质量含水率动态监测。采用常规人工取土钻取样，室内烘箱烘干、称质量的方法测定，每5d监测1次，监测点设置见表2.2。

表 2.2 土壤含水率和土壤温度监测点位置一览表

项 目	监测点深度/cm
土壤含水率	5、10、15、20、40、60、80、100、110
土壤温度	5、10、15、20、40、60、80、100

(2) 土壤温度监测。采用预埋式热敏电阻测定，在地表封冻前全部打孔预埋在试验田块，监测时间间隔为5d，监测点设置见表2.2。

(3) 冻结与融化深度监测。采用人工土钻取土观测法确定，1～2d监测1次。

2005年11月1日，耕作层（0～20cm）土壤含水率为15.3%，5cm处土壤温度为0.1℃。为了增加土壤底墒，2005年11月2日对各地块实施灌水，灌水定额为750m^3/hm^2，次日将长3～5cm的干燥玉米秸秆（体积含水率为3.4%）均匀碾压覆盖于不同田块地表，JD05、JD10、JD15、JD20和JD30秸秆覆盖量分别为2100kg/hm^2、4300kg/hm^2、6500kg/hm^2、8600kg/hm^2和12900kg/hm^2。

3. 不同潜水位

不同潜水位下室外土壤水热试验采用试验站地中蒸渗计观测系统进行。地中蒸渗计是一种人工模拟自然状态潜水，用来测定特定岩性、固定地下水位埋深条件下的潜水蒸发量、降雨入渗补给量的实验仪器，它一般为固定潜水位自动排水—补偿系统，由马里奥特瓶、平衡瓶、接渗瓶、连通管、过滤器和实验筒等6部分组成[1]，蒸渗计结构见图2.2。

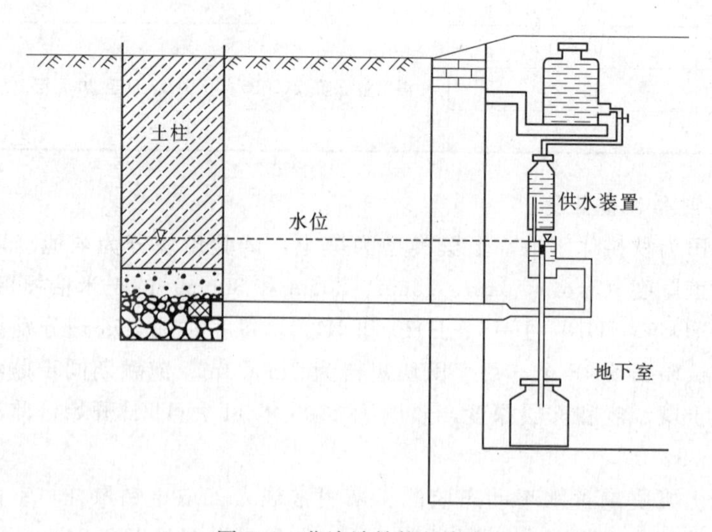

图2.2 蒸渗计结构示意图

潜水与土壤水的相互转化量采用地中蒸渗计观测。地中蒸渗计的实验筒与周边包气带没有水力联系，实验筒的上界面直接与大气相通，使地中蒸渗计内的水分通过实验筒直接并且仅与大气交换。在潜水蒸发期，蒸渗计实验筒内的潜水，一方面通过筒内的土壤蒸（散）发而消耗，潜水面下降；另一方面又通过蒸渗计的马利奥特瓶——平衡瓶补充水分，特殊的装置使潜水位埋深保持固定不变。马里奥特瓶内减少的水量即为地中蒸渗计监测的潜水蒸（散）发量。在降雨入渗补给期，实验筒内的潜水面，源源不断地接收到降雨入渗补给土壤的多余水分，这些水分通过平衡瓶的溢流管，全部储存到接渗瓶中，接渗瓶存储的水量即为地中蒸渗计监测的降雨入渗量。

蒸渗筒中的土体为太原盆地三种代表性土壤质地，根据国际制土壤分类标准黏粒（<0.002mm）、粉粒（0.002～0.02mm）和砂粒（0.02～2mm）三种粒级含量比例划定，分别为砂壤土、壤砂土和砂土，其主要参数见表2.3。

表2.3　蒸渗计土壤质地主要参数表

土壤质地	不同粒径质量百分含量/%			最大毛细水上升高度/cm	给水度
	黏粒 <0.002mm	粉粒 0.002～0.02mm	砂粒 >0.02mm		
砂壤土	16.4	27.5	56.1	185	0.08
壤砂土	7.3	7.5	85.2	77	0.18
砂土	4.1	5.9	90.0	60	0.21

蒸渗计中潜水位控制埋深为0.5～5.0m，共计9种。蒸渗筒面积为0.5m^2，安装间隔为0.5m，蒸渗计观测系统设置情况见表2.4。

表2.4　蒸渗计观测系统设置情况

土壤质地＼水位埋深/m	0.5	1.0	1.5	2.0	2.5	3.0	3.5	4.0	5.0	备注
砂壤土	√	√	√	√	√	√	√	√	√	2004年和2005年监测深度分别为3.0m和3.5m
壤砂土	√	√	√	√	故障	√	√	√	√	
砂　土	√	√	√	√	√	√	√			

由于季节性冻融期地下水浅埋区土壤剖面含水率变化异常剧烈，因此，土壤剖面含水率和土壤温度的监测阶段为2004年11月至2005年3月、2005年11月至2006年3月和2006年11月至2007年3月3个冻融期（简称2004—2005年冻融期、2005—2006年冻融期和2006—2007年冻融期）。根据冻融期蒸渗计中土壤含水率和土壤温度的变化情况，监测的潜水位埋深最大为2.0m，土壤质地为砂壤土和壤砂土两种。蒸渗计系统中的土壤含水率和土壤温度同步

监测，监测时间均为11月至翌年3月的每月1日、6日、11日、16日、21日和26日的北京时间8：00。根据试验区冻土计观察资料，当土层冻结深度增加较快时加密监测，每日8：00和14：00各观测一次，蒸渗计系统中的土壤含水率采用中子仪监测，土壤温度采用预埋热敏电阻监测，监测点深度见表2.5。

表2.5　季节性冻融期土壤水分和土壤温度监测深度一览表

水位埋深/m	土壤水分监测点深度/cm	土壤温度监测点深度/cm
0.5	0、10、20、40	0、5、10、15、20、30、50
1.0	0、10、20、40、60、80、90	0、5、10、15、20、30、50、70、100
1.5	0、10、20、40、60、80、90、100、120、140	0、5、10、15、20、30、50、70、100、150
2.0	0、10、20、40、60、80、90、100、120、140、160、180、190	0、5、10、15、20、30、50、70、100、150、200

2.2　室内试验

2.2.1　试验装置

室内土壤单向冻结模拟试验装置主要由模拟池、空气制冷系统、定水头供水系统和土壤温度场自动监测系统组成。模拟试验装置结构示意见图2.3。

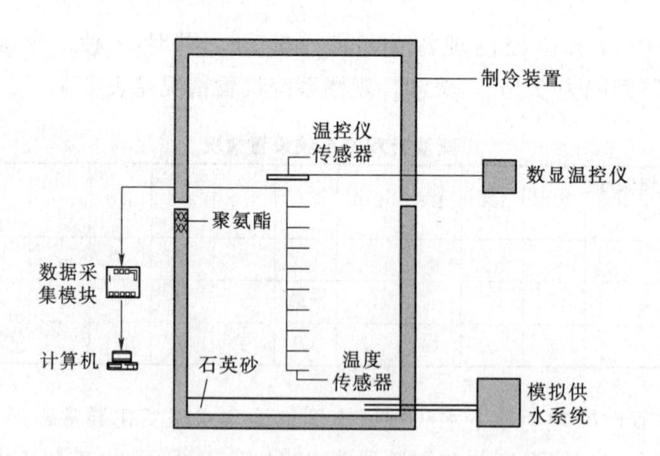

图2.3　室内地下水浅埋区土壤冻结模拟试验装置

模拟池是由塑料板（厚度为1cm的PVC）制成的双层保温池，池内规格（长×宽×高）为123cm×44cm×97.5cm。空气制冷系统由海尔BC/BD-388A型冰柜（制冷功率为160W）改造为数控制冷装置，模拟冬季气温的降低过程，温控精度为0.01℃，最低制冷为－36℃。定水头供水系统由模拟池之外的容量瓶、石英砂组成，模拟潜水位埋深为87.5cm，为了使模拟池水分能够均匀向上迁移，底部铺设厚度约2cm的石英砂。

土壤温度场自动监测系统由计算机、智能温度传感器及LTM－8303型温度测量智能模块组成，冻结土壤温度采用智能温度传感器监测，数据由计算机自动采集，采集频率为1次/min。智能温度传感器所用电压为24V直流电源，刷新周期可以在0.5～3s之间自由切换。温度传感器监测温度范围（－50～60℃）较广，传输数据比较精确。温度监测精度0.1℃。LTM－8303每一个模块可连接8条数据主干线和1条总线，每一个模块最多可有512个测点，每条主干线可以最多安装64个温度监测点，一台上位计算机最多可以控制128个模块，即LTM－8303温度测量智能模块可以支持65536个温度传感器，足够满足试验需求[2]。

2.2.2 试验土样

室内土壤冻结试验土样取自太原市晋源区汾河西岸两种土壤质地，分别为砂壤土和粉质粘壤土，其物理性质见表2.6。

表2.6　土样物理性质

土壤质地	不同粒径质量百分含量/%			天然容重/(g/cm³)	干容重/(g/cm³)	天然含水率/%
	粘粒 <0.002mm	粉粒 0.002～0.02mm	砂粒 >0.02mm			
砂壤土	11.3	27.6	61.1	1.54	1.45	6.42
粉质粘壤土	19.0	49.4	31.6	1.44	1.32	9.58

2.2.3 系统测试

1. 系统硬件测试

不同潜水位下土壤剖面冻结期水分迁移试验系统设计完成后，进行了多次调试试验。经过测试，空载状态下96h后温度达到最低，为－36℃。冻融模拟池内温度与室温相差可达31.2℃，其隔热保温性能良好，系统硬件完全能够满足室内试验研究的要求。

2. 系统软件测试

任何软件产品的实际应用都要经过产品的测试阶段。通过运行软件或检查文档发现和报告缺陷，提高软件质量和满足用户需求。软件测试是检验开发工作的成果是否符合实际要求，它是保证软件质量的重要手段。本模拟系统开发了土壤温度实时监测软件，通过对2万多个温度数据点的测试，程序运行正常，能够满足试验温度监测的要求。土壤温度实时监测界面见图2.4。

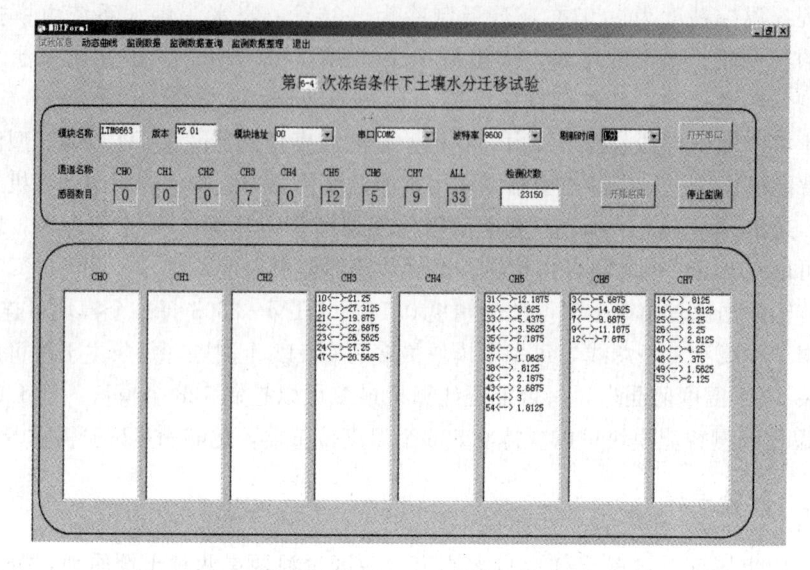

图 2.4　冻结条件下土壤剖面温度实时监测界面

2.2.4　试验方案

为了模拟冻结期外界气温变化条件下地下水浅埋区土壤剖面水热变化规律及潜水蒸发规律，将模拟池分为两部分，底部铺设厚度约 2cm 的石英砂，模拟控制潜水位埋深为 87.5cm。根据原状土的容重和土壤含水率等参数，将砂壤土和粉质粘壤土均匀充填于模拟池中，并在垂向上埋设智能温度传感器，分别独立供水直至剖面水分稳定，此过程需要约 11d。当剖面水分稳定时，模拟池就是一个地下水浅埋区土壤剖面。

2009 年 5 月 18 日至 7 月 1 日、8 月 13 日至 9 月 28 日和 10 月 30 日至 12 月 11 日分别按方案 1、方案 2 和方案 3 进行了室内不同冻结气温降幅的单向冻结试验。

方案 1（小幅降温 Δ3℃）　起始冻结气温（指零度以下的气温）约为 －5℃，当土壤剖面温度稳定时降低 Δ3℃，经过 6 次变温一直降至－23℃，剖面温度稳定时停止冻结，历时 42d。

方案 2（中幅降温 Δ5℃）　起始冻结气温为－5℃，当土壤剖面温度稳定时降低 Δ5℃，经过 5 次变温一直降至－30℃，剖面温度稳定时停止冻结，历时 45d。

方案 3（大幅降温 Δ7℃）　起始冻结气温为－5℃，当土壤剖面温度稳定时降低 Δ7℃，经过 4 次变温一直降至－33℃，当土壤剖面温度稳定时停止冻结，历时 41d。

室内冻结模拟理论试验方案详见表2.7。由于冻结温度是由人工调节冰箱控制的，所以实际的冻结温度与理论方案的冻结温度不完全一致。土壤含水率的监测采用人工土钻取土，称重烘干法测定，重量测量精度达到0.01g。每次调节冻结气温之前进行一次含水率监测，取样点深度分别为0、5cm、15cm、25cm、35cm、45cm、55cm、65cm、75cm和85cm。土壤温度监测点深度设置情况见表2.8。

表2.7　冻结试验方案

降温次数	小幅降温(方案1)		中幅降温(方案2)		大幅降温(方案3)	
	冻结历时/d	冻结气温/℃	冻结历时/d	冻结气温/℃	冻结历时/d	冻结气温/℃
第1次	7	−8	7	−10	7	−12
第2次	13	−11	15	−15	17	−19
第3次	17	−14	23	−20	28	−26
第4次	23	−17	29	−25	35	−33
第5次	31	−20	37	−30		
第6次	37	−23				
结束	42	−23	45	−30	41	−33

注　冻结气温为冰柜空载条件下调试的。

表2.8　土壤温度监测点深度设置情况　　单位：cm

方案1	0、4、6、8、10、12、14、16、18、20、22、24、26、28、32、37、42、47、57、67、77、87
方案2	0、3、6、9、12、15、18、21、24、27、32、37、42、47、57、67、77、87
方案3	0、2、7、12、17、22、27、32、37、47、57、67、77、87

参　考　文　献

[1]　王政友.季节性冻结—冻融期地中蒸渗计资料处理探讨[J].水文地质工程地质，2012，39(1)：13-18.

[2]　吕薛锋，杨军耀.非饱和带冻结期土壤温度变化试验研究[J].太原理工大学学报，2010，41(2)：191-193.

第3章 季节性冻融期土壤温度变化及冻融特征

在季节性冻融期，冻结和融化是季节性冻土分布区土壤经历的两个主要的物理过程。由于土壤与其所存在的外部环境是一个统一的整体，所以土壤的冻结和融化是土壤本身与外部环境共同作用的结果，当土壤所处的外界因素（气温、地表状况等）发生变化时，冻土体系必然要发生一系列与非冻土截然不同的物理过程，如冻土中冰的融化、入渗水的重新冻结及土壤剖面水分迁移等。土壤的冻结与融化取决于太阳辐射热量的周期性变化，土壤温度降低到冻结温度以下时，土壤中的水分发生冻结，形成季节性冻土。土壤温度高于融化温度时，土壤开始解冻。土壤冻融状况及冻融过程主要取决于土壤温度和土壤含水率，而土壤的水热变化与太阳辐射、地面长波辐射和地面反射、气温、风速、降雪、地表植被、覆盖条件等因素有关。在地下水位埋深较浅的地区，土壤的冻结作用能使潜水不断流入土壤剖面，影响土壤剖面水分分布，增加土壤剖面的水分储存量。本章将根据山西省水文水资源勘测局太谷均衡实验站2004—2007年3个冻融期的田间试验资料，分析试验区土壤的自然冻融过程、地表覆盖和冻融期灌水对土壤冻融过程的影响及地下水浅埋条件下冻融期土壤冻融特征。

3.1 冻融期气温与太阳辐射

3.1.1 气温

2004—2007年逐月气温变化特征见表3.1。由表可见，试验区1月最冷，平均气温最低，7月平均气温最高。日均最高气温和日内最高气温一般出现在6月，日均最低气温和日内最低气温出现在1月。受太阳辐射的影响，年内气温总体呈波动式变化趋势。

1月到2月上旬，气温稳定在0℃以下，2月中下旬，气温在0℃附近波动；之后随着太阳辐射的增强，气温回升较快，3月中旬气温稳定在0℃以上。随着太阳辐射的增强气温逐渐升高，到了6月下旬太阳辐射达到最大值，出现了日均最高气温和日内最高气温。7月，虽然太阳辐射强度较小，但是地表收入的热量仍然大于支出的热量，气温继续升高，7月的平均气温较高。之后，由于吸收的辐射量小于支出的辐射量，平均气温逐渐减小，11 月下旬日均气温开始降到 0℃以下，12 月中旬之前，气温在 0℃附近波动。12 月中旬到翌年 2 月上旬，气温基本在 0℃以下。

表 3.1　　2004—2007 年各月的气温特征　　单位：℃

年份	项　目	1月	2月	3月	4月	5月	6月	7月	8月	9月	10月	11月	12月
2004	平均	−5.7	0.4	6.1	14.7	17.7	21	23	20.6	16	8.7	2	−3.7
	日均最高	−0.9	5.2	15.6	23.4	24.9	28.2	26.4	26	21.8	14.1	9.3	3.7
	日均最低	−12	−7.4	−8.2	4.6	8	14.3	18.5	14	8.6	0.5	−5.8	−15.7
	日内最高	8	19.7	25.7	33.2	32.5	34.7	34.1	32.4	30.7	24.6	19.2	12
	日内最低	−19.5	−14.9	−11.2	−3.5	3.9	8.4	13	10.1	1.4	−7.2	−13.6	−23.3
2005	平均	−6.8	−3.6	4.1	14.3	18.7	23.5	24.5	21.7	17.3	9.2	3.9	−5.9
	日均最高	−2.2	1.7	12.4	23.3	22.7	30.6	27	29	22.9	15.1	11.4	0.6
	日均最低	−14	−10.2	−5.3	2	12.1	15.9	19.1	16.1	12.8	2.6	−0.6	−10.6
	日内最高	6.5	12.9	22.3	33.9	31.8	40.3	36	34.4	31.9	23.4	20.3	9.1
	日内最低	−23.1	−17.5	−11	−1.7	1.9	9.5	14.6	10.4	6.8	−5.3	−8.2	−16.7
2006	平均	−4.9	−1.1	6.5	13.8	18.3	22.8	25.1	22.7	16.4	12.4	3.8	−3.5
	日均最高	−0.7	7	17.7	24.6	24.7	28.7	28.5	27.7	22.6	17	11.1	1.3
	日均最低	−12	−8.7	−4.7	1.9	7.5	17.1	20.3	16.6	11.2	7.5	−2.1	−7.5
	日内最高	7.9	14.7	26.7	36.3	32.9	36.8	35.8	33.9	27.3	26.8	20.1	8
	日内最低	−21	−14.3	−9.7	−5.1	5.6	7.8	14.4	13.5	4.6	−4	−7.2	−14.1
2007	平均	−5.1	1.5	5	12.1	19.4	22.8	23.6	21.9	16.1	9.4	2.6	−2.4
	日均最高	2.5	6.5	14.6	21	24	26.2	28.6	26	20.8	14.3	7.1	1.7
	日均最低	−8.2	−3.8	−6.4	2.5	13.5	17.7	19.9	15	9	3	−2.4	−6.8
	日内最高	9.6	16.8	23.2	28.3	32.5	36.1	34.7	32.4	29.1	21.1	17.8	7.4
	日内最低	−16.7	−10.7	−10.2	−4.6	3.5	12.3	14.7	12.8	3.6	−3.7	−9.3	−13.1

2004 年 11 月至 2005 年 3 月，日平均气温最低出现在 12 月 31 日，为 −15.7℃，日平均气温最高出现在 3 月 28 日，为 12.4℃；日内最低气温出现在 12 月 31 日，为 −23.3℃。1 月最冷，平均气温 −6.8℃。2005 年 11 月至 2006 年 3 月，日平均气温最低出现在 1 月 6 日，为 −12.0℃，日平均气温最高出现在 3 月 31 日，为 17.7℃；日内最低气温出现在 1 月 7 日，为 −21.0℃。12 月最冷，平均气温 −5.9℃。

2006 年 11 月至 2007 年 3 月，日平均气温最低出现在 1 月 7 日，为 −8.2℃，日平均气温最高出现在 3 月 30 日，为 14.6℃；日内最低气温出现在 1 月 7 日，为 −16.7℃。1 月最冷，平均气温 −5.1℃。图 3.1 为 2004—2007 年 3 个冻融期（11 月至翌年 3 月）日平均气温变化曲线。

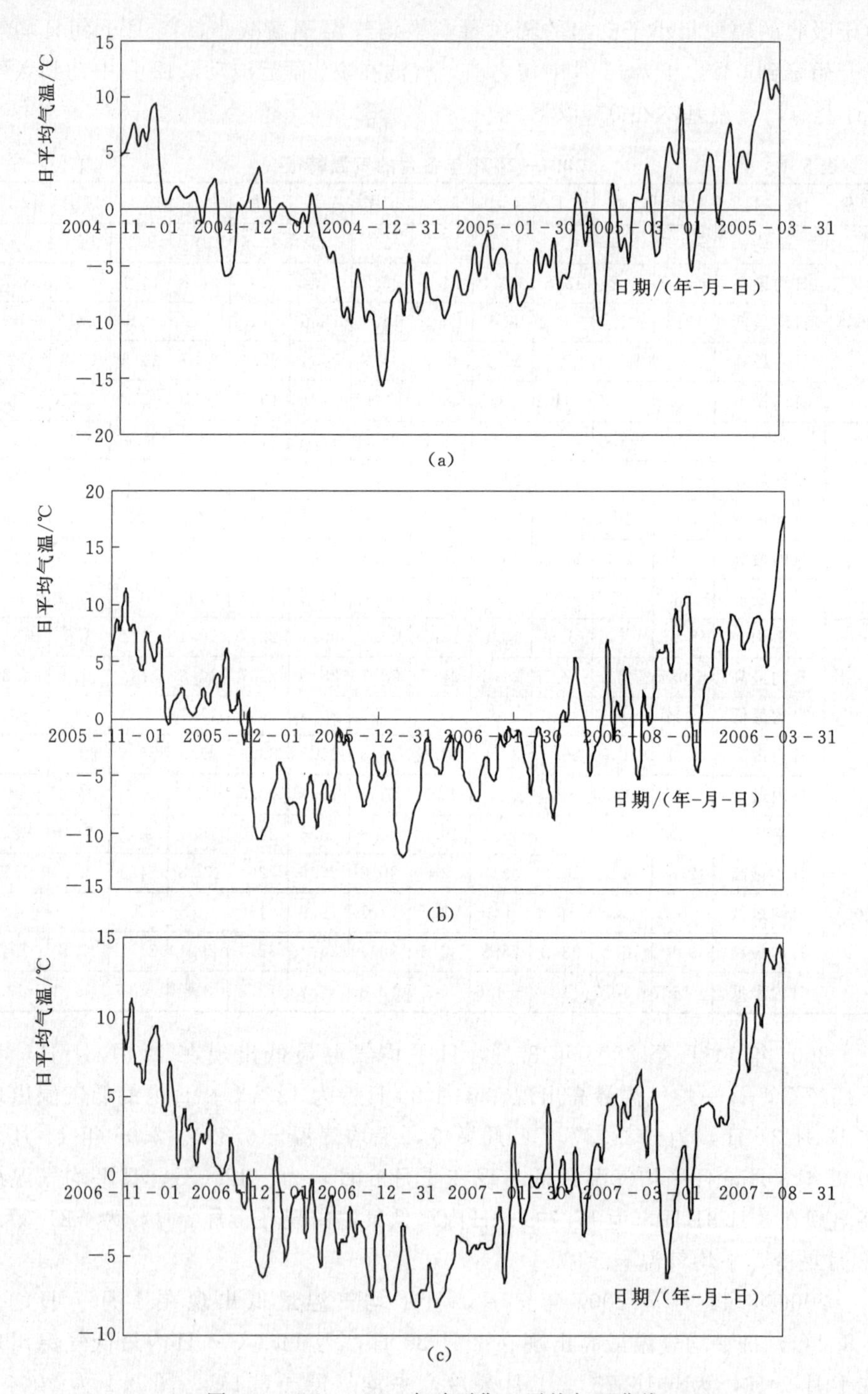

图3.1　2004—2007年冻融期日平均气温曲线

3.1.2 太阳辐射

太阳辐射是以电磁波形式放射的一种能量，土壤热量来源于太阳辐射。太阳辐射观测于2004年1月1日开始，2007年12月31日结束，2004—2007年太阳辐射变化特征见表3.2。

表3.2　2004—2007年太阳辐射变化特征表　单位：kJ/cm^2

月份	2004年			2005年			2006年			2007年		
	月平均值	月内日最高	月内日最低	月平均值	月内日最高	月内日最低	月平均值	月内日最高	月内日最低	月平均值	月内日最高	月内日最低
1	0.72	0.87	0.43	0.71	0.97	0.42	0.61	0.82	0.42	0.63	0.84	0.41
2	1.09	1.34	0.29	0.76	1.26	0.24	0.87	1.16	0.24	0.73	1.06	0.25
3	1.14	1.66	0.39	1.28	1.65	0.35	1.24	1.7	0.35	0.85	1.53	0.32
4	1.67	2.05	0.44	1.67	2.05	0.44	1.46	2.01	0.43	1.35	1.79	0.47
5	2.07	2.50	1.07	2.03	2.54	1.09	1.91	2.42	1.07	2.01	2.47	1.1
6	1.98	2.49	1.10	2.15	2.56	1.10	1.98	2.68	1.1	1.7	2.27	1.11
7	1.90	2.54	1.10	2.16	2.52	1.10	1.61	2.32	1.1	1.54	2.47	1.1
8	1.50	2.16	1.04	1.79	2.12	1.05	1.39	1.92	1.02	1.56	1.99	1.02
9	1.49	1.95	0.81	1.42	1.91	0.84	1.32	1.83	0.85	1.35	1.83	0.82
10	1.21	1.59	0.60	1.14	1.48	0.67	1.02	1.53	0.64	0.95	1.21	0.62
11	0.84	1.08	0.46	0.87	1.07	0.48	0.73	0.98	0.45	0.74	1.02	0.46
12	0.61	0.80	0.41	0.68	0.83	0.41	0.57	0.77	0.41	0.5	0.74	0.29
全年	493.61			508.44			448.92			425.84		

由表3.2可见，试验区5—7月太阳辐射量较大，11月至翌年1月太阳辐射量全年偏低，其中12月太阳辐射量全年最低。年内1—6月太阳辐射量总体呈上升趋势，7—12月呈下降趋势。图3.2为2004—2007年3个冻融期（11月至翌年3月）日太阳辐射量的变化曲线。由图可见，11月日太阳辐射量总体呈降低趋势，且波动幅度较小；12月太阳辐射量均值继续降低，之后太阳辐射量开始增大。

一般2月出现全年最低太阳辐射量值。2004年11月至2005年3月太阳总辐射为127.18kJ/cm^2，其中12月太阳总辐射最低，为18.77kJ/cm^2，翌年2月3日出现最低值（0.24kJ/cm^2），3月24日辐射达到最大（1.65kJ/cm^2）。2005年11月至2006年3月太阳总辐射为129.08kJ/cm^2，其中12月太阳总辐

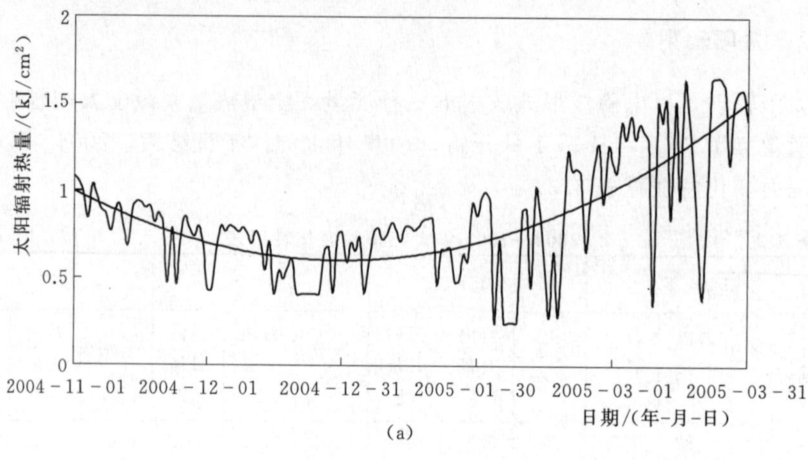

(a)

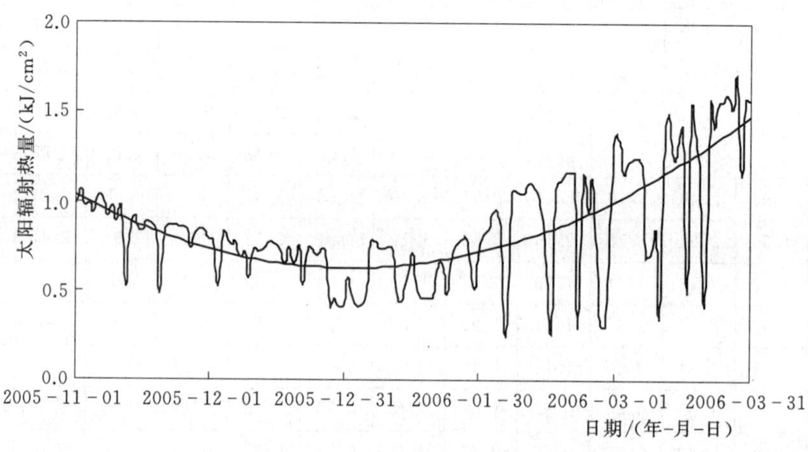

(b)

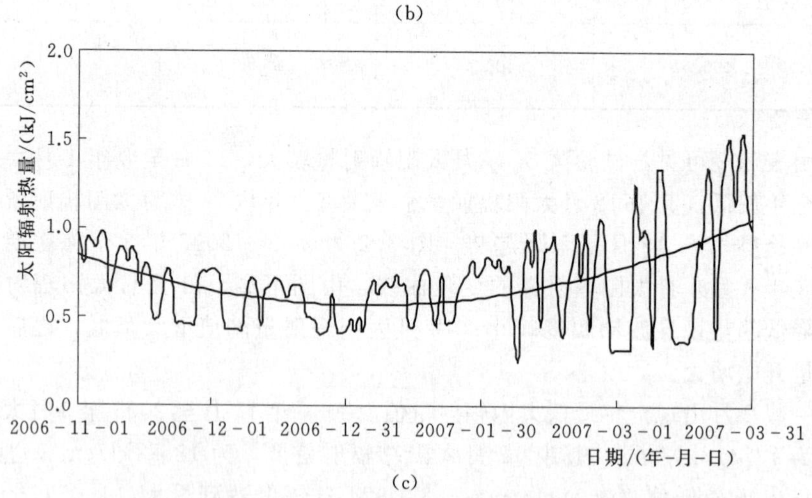

(c)

图 3.2　2004—2007 年冻融期日太阳辐射热量变化曲线

射最低，为 18.93kJ/cm^2，翌年 2 月 5 日出现最低值（0.24kJ/cm^2），3 月 28 日辐射达到最大（1.71kJ/cm^2）。2006 年 11 月至 2007 年 3 月太阳总辐射为 106.16kJ/cm^2，其中 12 月太阳总辐射最低，为 17.59kJ/cm^2，翌年 2 月 7 日出现最低值（0.25kJ/cm^2），3 月 24 日辐射达到最大（1.53kJ/cm^2）。

3.2　冻融期土壤温度的剖面变化特征

土壤温度，也称地温，是影响土壤冻融状况最主要的因素。地温的变化与气温的变化密切相关，尤其是地表及地表下 10cm 范围内的土壤温度随气温的变化而同步变化。土壤热量主要来源于太阳辐射，从地球内部传导到地表的热量或由化学的和生物学的过程所产生的热量均非常小，对土壤温度的影响轻微。土壤本身的性质对土壤的温度有相当大的影响，如土壤的颜色、土壤的组成及水分含量。土壤的颜色影响热量吸收的强度，土壤的组成及水分含量影响土壤比热的变化，土壤紧密度及土壤水分含量影响导热系数，导热系数随土壤水分的增加而增加。土壤表层与下层的温度差决定着热进入或逸出土壤的运动，热常常向温度降低的方向即从较暖的土层向较冷的土层流动。土壤冻结亦与地表覆盖物有关，有覆盖物的土壤较无覆盖物的冻结浅。冻土深度不是一次就形成的，开始冻结时，是夜冻日融，经过一段时间后，达到表层土壤稳定冻结。春季，由于太阳辐射的增强，地面的热量收入大于热量支出，土壤表层开始消融并逐渐向深层进展。土壤解冻时往往由上而下和由下而上两个方面同时进行，这是由于土壤深层热量上升，使得冻土层底部也开始融化。在不同的条件下，土壤温度具有不同的空间和时间分布规律。

3.2.1　土壤表面辐射—热量平衡

土壤覆盖于地球表面，与大气时刻进行着物质和能量的交换。季节性冻融期土壤的冻结与融化取决于太阳辐射热量的变化和土壤对热量的吸收利用状况，即表层植被或覆盖条件。当土壤温度降低到冻结温度以下时，土壤中的水分便开始冻结，形成冻土。土壤温度与太阳辐射强度以及土壤接受太阳辐射能的能力和散热能力的强弱密切相关。我们知道，决定地表面能量收支及气温和地温变化的是辐射平衡，辐射—热量平衡方程[1]一般可用下式表示：

$$Q_d=(Q_i+Q_s)(1-\alpha)-Q_e=LE+P+A \tag{3.1}$$

式中　Q_d——地面辐射平衡（辐射差额）；

Q_i、Q_s——太阳直接辐射和散射辐射；

α——地面反射率；

Q_e——地面长波有效辐射；

LE——蒸发耗热，即下垫面内生和外生过程（水分蒸发、凝结、升华等）；

P——湍流交换耗热（地表与大气间的热力相互作用）；

A——通过地面的热流（热通量），即土中的热力过程（升温或冷却，水的相变、冻结和融化等）。

辐射—热量平衡的结构对冻土的形成和动态有决定作用。入冬以后，随着太阳辐射的减弱，吸收辐射 $(Q_i+Q_s)(1-\alpha)$ 小于地面长波有效辐射 Q_e，Q_d 出现负值，地面冷却降温。当土壤温度低于土壤水的冰点时，土壤开始冻结并伴随着潜热的释放和体积的膨胀，未冻水含量逐渐减小，含冰量逐渐增大。随着土壤温度梯度的增大，土壤逐渐向下冻结。1月中旬之后，太阳辐射开始增强，土壤含冰量随着地温的回升逐渐减少，土壤开始融化，当冻层全部融化时，土壤的融化过程结束。

地面温度的变化，决定于本身热量的收支差额。图3.3为地面热量收支示意图。白天，地面吸收的太阳辐射超过地面有效辐射，Q_d 为正值。地面吸收太阳辐射产生的热量传给空气（P）、下层土壤（A）以及水分蒸发（LE）。夜间，Q_d 为负值，地面冷却降温，温度低于近地气层和下土壤层，（P）和（A）热量输送方向与白天相反，同时水汽凝结也要放出热量（LE）给地面。

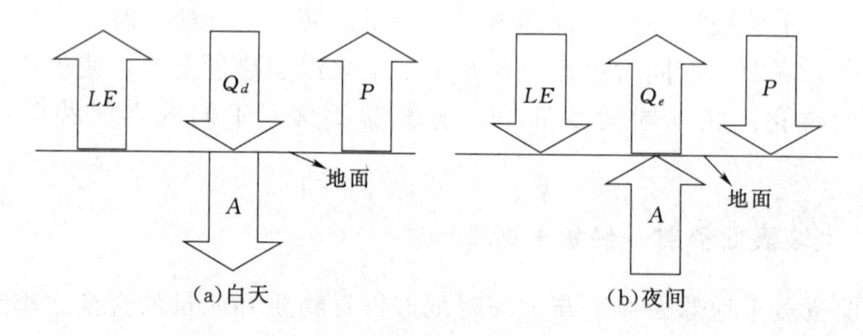

图3.3 地面热量收支示意图

3.2.2 耕作层土壤温度

土壤耕作层是指利用犁、耙等农具能够改善土壤结构和土壤表面状态的土层，本书指土壤0～20cm深度。

1. 裸地

2004—2005年冻融期，裸地20cm深度内土壤温度变化见图3.4。地表和地中5cm深度处土壤温度在12月31日均达到最低，分别为－10.4℃和

−8.7℃；地中10cm和15cm深度处土壤温度在1月1日达到最低，分别为−5.7℃和−4.4℃；地中20cm深度处土壤温度在1月15日达到最低−3.7℃。由图3.4可见，不同深度地温随时间的变化趋势具有一致性，但最低值出现的时间随深度的增加而滞后；冻融期地表温度变化幅度最大，随着土壤深度的增加，外界环境对地温的影响减弱，土壤能量损失减少，地温的变化幅度逐渐减小。3月16日，0cm处的土壤温度和冻融期最低温度较差为16.6℃，5cm处的较差为12.7℃，10cm处的较差为9.3℃，20cm处较差仅6.8℃。

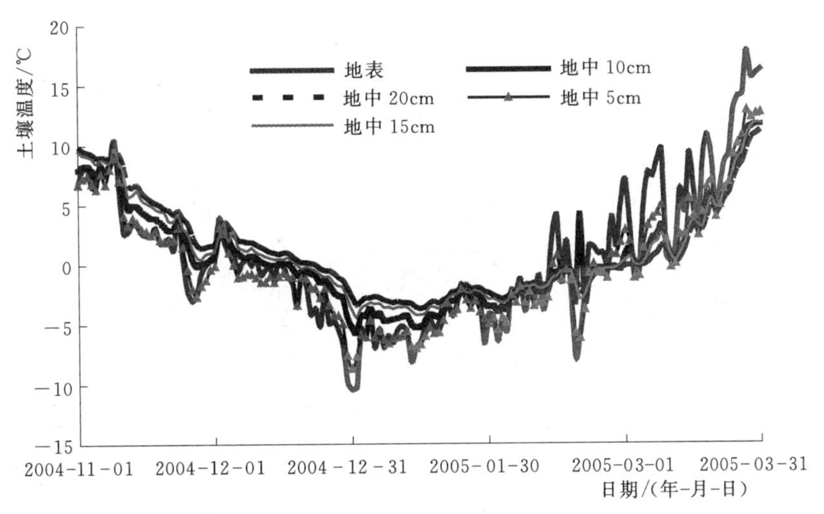

图3.4 2004—2005年冻融期裸地土壤温度变化曲线

2. 地表覆盖条件下

中国北方大部分地区属于干旱半干旱气候区，冬春季节风大少雨，出于储水保墒的目的，常在地表覆盖秸秆、地膜等，这些覆盖物减弱了土壤与外界环境的能量与质量交换，从而影响土壤对热量的自然吸收和释放。玉米秸秆和地膜覆盖下的地温变化曲线见图3.5。

地膜覆盖条件下，地面反射率减小，土壤能有效地吸收太阳辐射热；另一方面，地膜覆盖隔绝了土壤的长波辐射，同时地膜减弱了土壤与外界的水汽交换，从而地面获得的净辐射较高，所以地温总体上较裸地高，温度变幅较裸地小。最低地温出现在1月16日，5cm、10cm、15cm和20cm处温度分别为−5.1℃、−3.8℃、−2.8℃和−1.9℃，较裸地高1.6～2.6℃。3月16日，5cm处的土壤温度与冻融期最低温度较差为7.2℃，10cm处的较差为5.9℃，20cm处较差仅4.5℃。

与裸地地块相比，因玉米秸秆热导率较小、孔隙率相对较高，秸秆覆盖阻

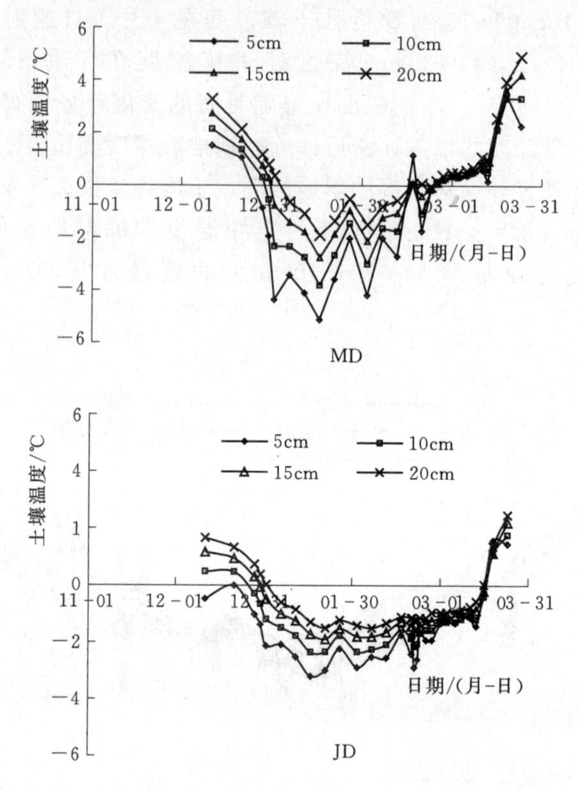

图 3.5　地表覆盖条件下耕作层土壤温度变化特征

隔了土壤对太阳辐射热量及气温升高后产生的大气辐射的吸收，同时也减弱了地面的长波辐射，从而减小了土壤能量的损失。因此，冻融期地温曲线变化平缓，变幅较裸地和覆膜地为小。5cm 和 10cm 地温约在 1 月 16 日达到最低，分别为－3.2℃、－2.3℃，较裸地高 2.8℃、2.5℃；15cm 和 20cm 处地温约在 1 月 21 日分别达到最低，为－1.9℃、－1.5℃，较裸地高 1.0℃、1.3℃。3 月 16 日，5cm、10cm、15cm 和 20cm 处温度分别为－0.2℃、－0.4℃、－0.2℃和 0.0℃。

可见，冻结期耕作层土壤不同深度最低地温出现的时间随深度的增加而滞后，地温随土壤深度的增加而升高，地膜或玉米秸秆覆盖可平抑地温的变化，保温效果显著。消融解冻期，覆膜地地温提前回升，秸秆覆盖地土壤温度回升较迟缓，也表现出明显的滞后现象。

3. 气温与地温的关系

太阳辐射是土壤热量的主要来源，地温的高低取决于地面获得的净辐射，与地面反射率和有效辐射有关。地面因吸收太阳辐射而获得能量，同时通过有效辐射的方式损失能量。当大气吸收太阳辐射增温后，产生大气辐

射，其中一部分能量又投向地面，减少了地面的有效辐射，从而使土壤能量增加，温度升高。由图可以看出，季节性冻融期太阳辐射、地温与日平均气温均表现出较一致的变化趋势。日平均气温与地温具有较好的相关关系，回归曲线见图 3.6。

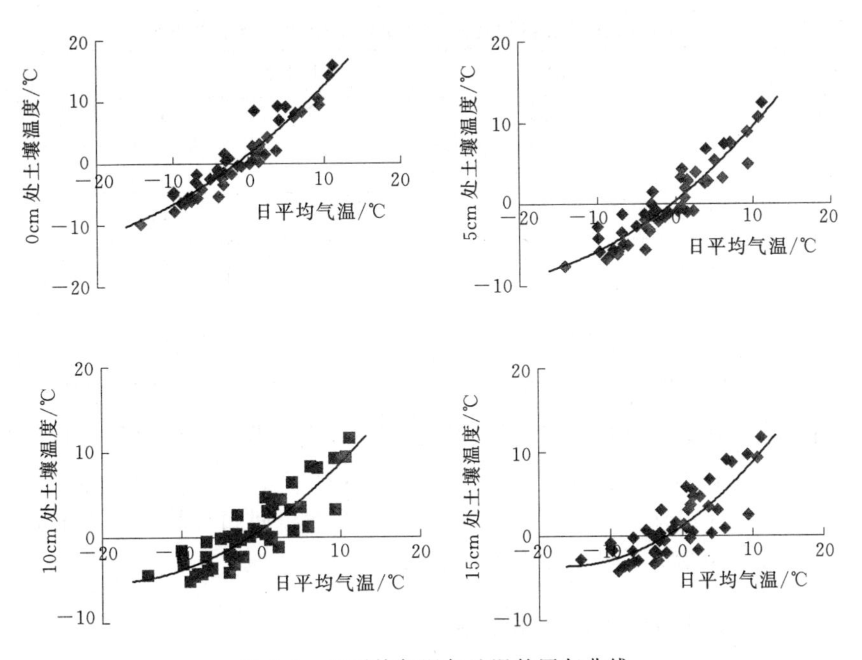

图 3.6　日平均气温与地温的回归曲线

冯学民等[2]选用 30 个省（市）、150 个观测点的资料，用回归分析法研究了 50cm 深度处的年均土壤温度和年均气温之间的关系，认为其关系可用线性方程 $y=2.9001+0.9513x$ 表示。季节性冻融期日平均气温与地温之间的变化关系可较好地用如下二次多项式来表示：

$$y=\alpha_0+\alpha_1 x+\alpha_2 x^2 (-14.2\leqslant x\leqslant 11.2) \quad (3.2)$$

式中　x——日平均气温；

y——地温；

α_0、α_1 和 α_2——回归系数。

入冬后，随着气温的下降，地表温度逐渐降低，并在温度梯度的作用下逐渐向下传导，引起土壤温度逐渐降低。土壤温度并不是随着气温的降低呈线性降低，而是表现出一定的滞后降低，式中 $\alpha_2 x^2$ 项即为地温的滞后变化值。土壤稳定冻结阶段，外界气温较低，日平均气温与地温之间的变化关系可用线性方程表示，$\alpha_2 x^2$ 项忽略不计。气温回升阶段，土壤吸热较多，地温回升较快，在随气温线性增加的基础上高 $\alpha_2 x^2$。

冻融期不同深度处土壤温度与日平均气温的回归系数和相关系数见表3.3。由表可知，地表5cm内地温与日平均气温的二次相关性较强，相关系数均在0.93以上。随着土壤深度的增加，二者相关程度减弱，20cm处土壤温度与日平均气温的相关系数仅为0.784。

表3.3　　二次多项式回归系数及回归显著性检验方差分析结果表

土壤深度/cm	参数			样本数	相关系数	F值
	α_0	α_1	α_2	n	R	
0	1.494	0.964	0.015	50	0.952	225.522
5	0.444	0.765	0.015	50	0.932	155.046
10	0.889	0.623	0.016	50	0.877	78.140
15	1.186	0.581	0.018	50	0.838	55.571
20	1.375	0.522	0.016	50	0.784	37.376

将二次多项式模型化为二元线性模型$Y=AX_1+BX_2+C$进行方程回归检验。在给定显著水平α（取5%）下，$F_{0.05}(p,n-p-1)=F_{0.05}(2,57)=3.16$，由方差分析结果可知，$F>F_{0.05}(2,57)$，所以方程回归显著，即土壤温度与日平均气温之间的关系可用二次多项式来表示。

3.2.3　不同秸秆覆盖量的土壤温度

秸秆覆盖不仅减少土壤蒸发[3-4]、抑制土壤盐分表聚[5]、提高作物水分利用效率和增加作物产量[6-9]，增加土壤墒情[10-14]，还可培肥改土、协调养分供应[15-16]、调节地温[17-21]、影响土壤入渗能力[22]和改变土壤自然冻融过程[23-24]等。可见，秸秆覆盖具有多方面的生态效应。在季节性冻融期，秸秆覆盖层不仅有正效应，也有一定的负效应，秸秆覆盖层的存在减弱了地气间的热量和水汽传输，如果春季地温回升缓慢则不利于春播作物出苗。因此，覆盖量的多少不仅关系到资源的浪费和节约，而且对于冻融土壤水热效应也是不容忽视的。

1. 土壤剖面温度时空变化

季节性冻融期，LD土壤剖面温度变化剧烈（图3.7），特别是0～20cm受外界气温影响较大，等值线较密且弯曲程度大，耕作层土壤温度在－10.2～6.1之间变化；而秸秆覆盖后显著地抑制了土壤温度的变化幅度，冻融期JD05、JD10、JD15、JD20和JD30耕作层土壤温度最低分别为－1.2℃、－0.3℃、1.1℃、1.2℃和1.3℃。可见，当秸秆覆盖厚度大于15cm时，冻融期土壤剖面温度均达到1.1℃以上，土壤水分不会出现冻结；从土壤剖面温度

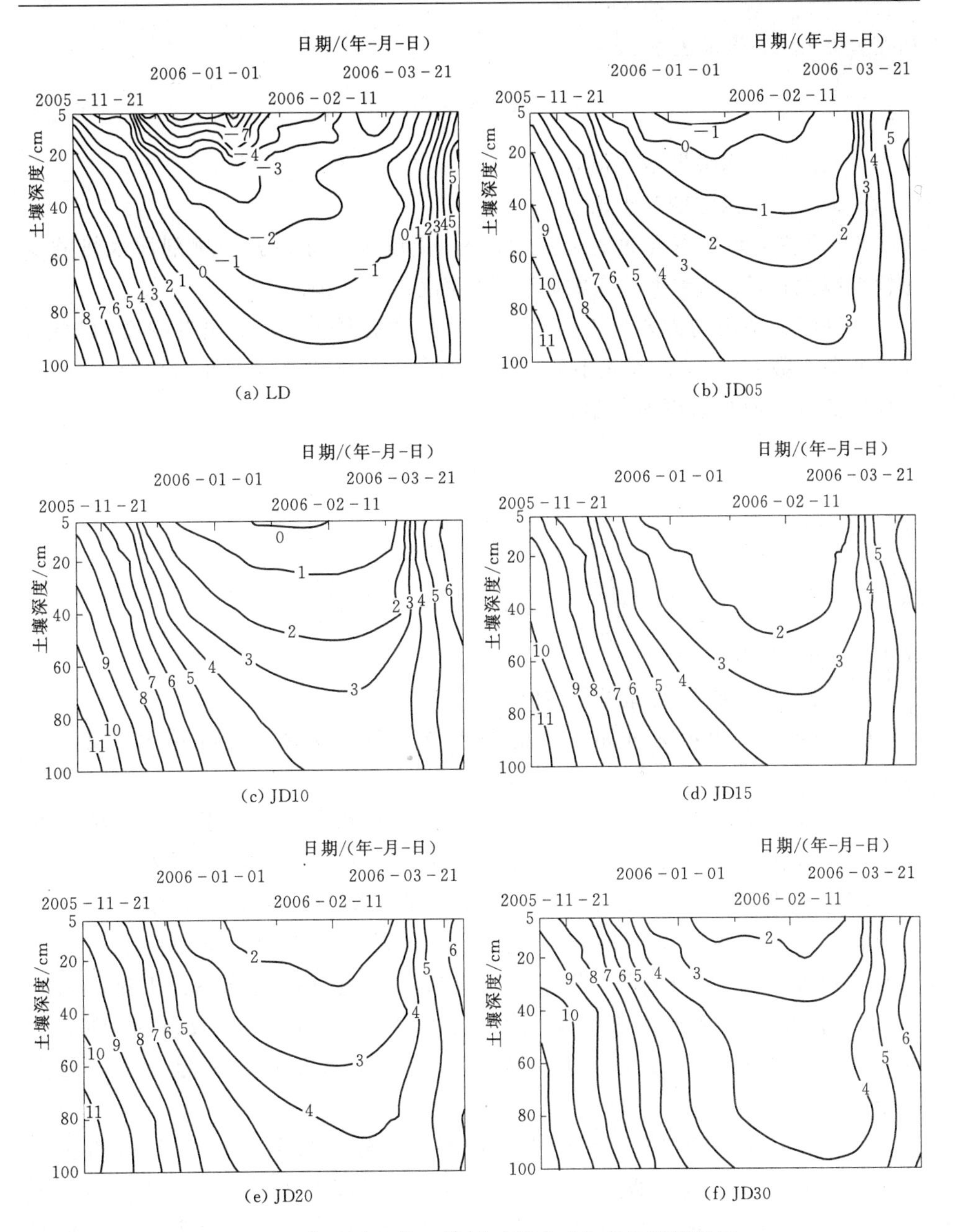

图 3.7 各试验田块土壤剖面温度时空变化等值线图

对比发现，JD20 和 JD30 对于提升土壤温度的效果已不明显，可见覆盖厚度不宜超过 15cm。

2. 土壤剖面温度变化的统计学特征

根据数理统计学知识，冻融期土壤剖面水热的变化程度可采用极值比 K_a

和变差系数C_v值来表示。

$$K_a=\frac{x_{\max}}{x_{\min}} \tag{3.3}$$

式中　$x_{\max}$——冻融期最大值；

　　　$x_{\min}$——冻融期最小值。

K_a反映了系列数据的变化幅度，K_a值越大，冻融期土壤剖面水热的变化幅度越大；K_a值越小，冻融期土壤剖面水热变化幅度小。

数理统计中用均方差与均值之比作为衡量系列数据相对离散程度的参数，称为变差系数C_v，又称离差系数或离势系数，可反映土壤剖面水热的变异性，比采用简单的增减值更加科学。

$$C_v=\frac{\sigma}{\overline{x}} \tag{3.4}$$

其中

$$\sigma=\sqrt{\frac{\sum_{i=1}^{n}(x-\overline{x})^2}{n-1}},\ \overline{x}=\frac{1}{n}\sum_{i=1}^{n}x_i$$

式中　σ——均方差；

　　　$\overline{x}$——系列数据的算术平均值。

C_v值越大，表示冻融期土壤剖面水热离散（变异）程度越大，反之就越小。

冻融期土壤温度是影响土壤水分相变及迁移转化、土壤养分及越冬期农作物生长的主要因素，土壤剖面温度变化的统计学分析可深入了解冻融期土壤剖面温度的时空变化特征，较温度的增减变化分析更科学可靠。一般而言，随着土壤深度的增加，K_a和C_v均减小，表明土壤温度变化幅度和变异程度均减弱。但是，温度出现负值的情况下极值比K_a和变差系数C_v值不能够真实反映其变化幅度和程度。由表3.4可见，LD和JD05土壤剖面均出现负温，LD耕作层土壤温度最大值和最小值相差较大，温度变化剧烈。

结合冻融期土壤剖面温度时空变化等值线分析结果，根据C_v值将土壤剖面划分为温度变化活跃层（$C_v \geqslant 0.95$）和温度渐变层（$C_v<0.95$）。可见，LD地块0～60cm属于温度变化活跃层，而100cm处土壤温度变化相对平缓，属于温度渐变层。JD05耕作层$C_v>0.95$，属于温度变化活跃层；40～100cm的$C_v<0.95$，属于温度渐变层。JD10地块0～10cm属于温度变化活跃层，K_a高达184.96，15～100cm为温度渐变层。JD15、JD20和JD30土壤剖面温度变化相对平缓，K_a最大为0.715，C_v均小于0.95，属温度渐变层。

表 3.4 土壤剖面温度变化的统计学分析结果

土壤深度/cm	LD				JD05		JD10		JD15		JD20		JD30	
	x_{max}	x_{min}	K_a	C_v	K_a	C_v	K_a	C_v	K_a	C_v	K_a	C_v	K_a	C_v
5	3.8	−10.2	—	—	—	1.807	184.960	1.096	8.079	0.715	6.513	0.663	6.443	0.630
10	4.5	−8.1	—	—	—	1.535	16.975	0.950	8.094	0.713	6.272	0.648	5.381	0.602
15	4.4	−7.2	—	—	—	1.378	15.750	0.933	6.666	0.676	7.462	0.654	4.555	0.559
20	6.1	−5.3	—	—	—	1.143	10.867	0.862	6.985	0.672	4.984	0.584	4.673	0.571
40	6.5	−2.8	—	5.376	10.670	0.863	6.334	0.704	6.509	0.640	5.026	0.573	3.320	0.462
60	7.8	−1.4	—	2.138	4.350	0.542	3.499	0.474	3.498	0.485	2.961	0.420	3.196	0.450
100	9.3	0.5	20.039	0.932	3.579	0.499	3.435	0.468	3.210	0.442	2.779	0.382	2.824	0.393

注 “—”表示为负值；x_{max}、x_{min}分别为冻融期该深度土壤温度的最高值和最低值。

3.2.4 不同潜水位下土壤温度

入冬后，随着气温的逐渐降低，土壤温度逐渐降低并出现冻结，当冻结锋面以一定的速率向下推进时，这就使土壤的温度剖面发生较大的变化。在地下水浅埋区，冻融期土壤剖面温度由于潜水位埋深不同而表现出不同的特征。

1. 土壤剖面温度变化

根据太谷均衡实验站冻融期 4 种不同潜水位埋深下的两种土壤质地土壤温度监测结果，绘制了冻融期土壤剖面温度变化等值线图，见图 3.8。

从等值线图可直观地看出，砂壤土和壤砂土两种不同土壤质地的土壤温度的变化特征，整个冻融期土壤温度均经历降低—稳定—回升的变化过程。总体上来看，土壤温度的变化滞后气温变化，且滞后时间随土壤深度的增加而增大。入冬以来，随着太阳辐射的减弱和外界气温的逐渐降低，土壤温度逐渐降低，表层 20cm 地温受外界因素影响变化较剧烈。随着土壤深度的增加，等温线变稀疏，土壤剖面温度梯度变小。冻融期，土壤剖面温度的变化受地表温度的影响，而地表温度与外界气温变化相一致[25]。因此，土壤剖面温度在温度梯度的作用下逐渐降低，与气温相比表现出滞后现象。

潜水位埋深为 0.5m 时，冻融期土壤温度较低，变化较为剧烈，温度梯度也较大。20cm 以内土壤温度在 1 月中旬降到最低。之后，温度开始螺旋式回升。而 30cm 深度以下的土壤温度则在温度梯度的作用下继续下降，2 月初降到最低。2 月中旬，太阳辐射增强，气温逐渐回升，各深度范围内土壤温度升高。当潜水位埋深大于 1.0m 时，不同潜水位埋深下的土壤剖面温度变化趋势相似，对比土壤剖面−1℃等温线可知，潜水位埋深越大，等温线最低点出现的时间越迟，可见，在负温梯度的作用下，潜水位埋深越大，负温向下传递时间较长。

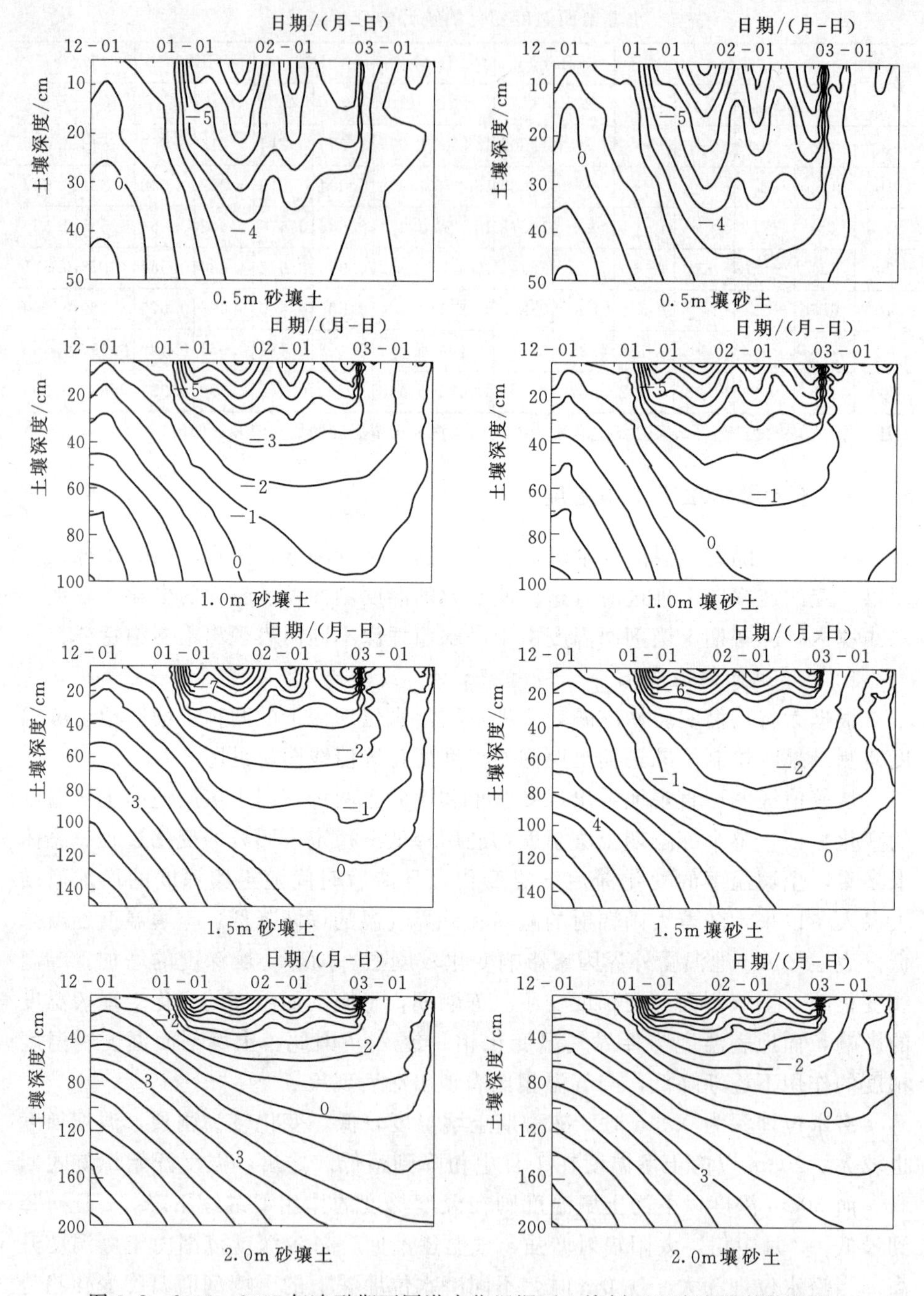

图 3.8　2004—2005 年冻融期不同潜水位埋深下土壤剖面温度变化等值线图

在地下水浅埋区，土壤剖面温度的变化与水分的迁移关系密切，二者相互影响相互制约，当某点的土壤温度降低时就会出现水分向该点的聚集进而相变为冰，而冰的导热系数比土壤大，所以冻结锋面向下推进过程是在负温梯度作用下进行的，当冻层稳定不再向下发展时，冻结锋面处的温度等值线呈近乎水平，在2月下旬，冻层消融解冻加快，0～20cm处土壤温度等值线密集排列，表明在土壤含水率、外界气温、太阳辐射等影响下温度变化剧烈。

总体上来看，0～30cm土壤温度等值线变化较为剧烈，受外界气温和太阳辐射的影响较大，呈现与日平均气温相似的变化趋势。当土壤深度大于40cm时，剖面温度变化相对较小。

(1) 潜水位埋深对土壤剖面温度的影响。通过对12月初至次年2月下旬不同深度处土壤温度进行对比发现，潜水位埋深为1.0m时土壤温度较高。以砂壤土为例，20cm处的土壤温度较0.5m、1.5m和2.0m埋深下的分别高0.43～1.25℃、0.20～2.60℃、0.04～2.36℃；50cm处的土壤温度较0.5m、1.5m和2.0m埋深下的高0.41～1.15℃、0.04～1.41℃、0.07～0.89℃；70cm处的土壤温度较1.5m和2.0m埋深下的高0.23～1.84℃、0.01～0.72℃。冻融期影响土壤温度的因素较多，潜水位埋深不同，剖面土壤含水率不同，土壤含水率是影响土壤温度的一个复杂因素，冻融期1.0m埋深下潜水进入土壤剖面的水量最大，由于水分冻结过程中会释放较多潜热，从而使土壤温度略有升高。2月下旬之后，随着太阳辐射的进一步增强和气温回升，0.5m埋深下由于土壤含水率较高，其土壤温度低且回升较慢。

可见，潜水位埋深越浅，土壤温度的回升需要吸收较多的热量，因此在消融期土壤温度较低且回升缓慢，潜水位埋深越大土壤温度则回升迅速。

(2) 土壤质地对土壤剖面温度的影响。土壤质地对土壤温度的影响较为明显，如果土壤颗粒较细，其持水性好，剖面含水率较高，这样就增大了土层的导热系数，那么在地表负温的作用下，一般情况下土壤剖面温度就低。图3.9为冻融期不同潜水位埋深下砂壤土和壤砂土30cm处土壤温度对比。可见，颗粒较细的砂壤土温度总体上低于壤砂土；2月下旬土壤温度回升时，壤砂土由于土壤含水率较低，在太阳辐射下升温较砂壤土快。

2. 冻融期土壤温度时空变异特征

冻融期地下水浅埋区土壤剖面温度出现正值和负值，采用极值比K_a反映温度变幅不科学。数学上一般用样本方差$D(x)$来度量随机变量x与其均值$E(x)$的偏离程度，样本方差的算术平方根称为标准差或均方差，样本方差和样本标准差都是衡量一个样本波动大小的量，样本方差或样本标准差越大，样本数据的波动就越大。但标准差能够真实反映离散程度，离散系数C_v采用样本标准差与均值进一步反映样本数据的离散程度，C_v值越大，表示样本数据离散（变异）程度越大，反之就越小。对于冻融期土壤温度而言，当样本数据有正值和负值且均值为负值时，C_v值无意义。表3.5为28组土壤剖面温度监

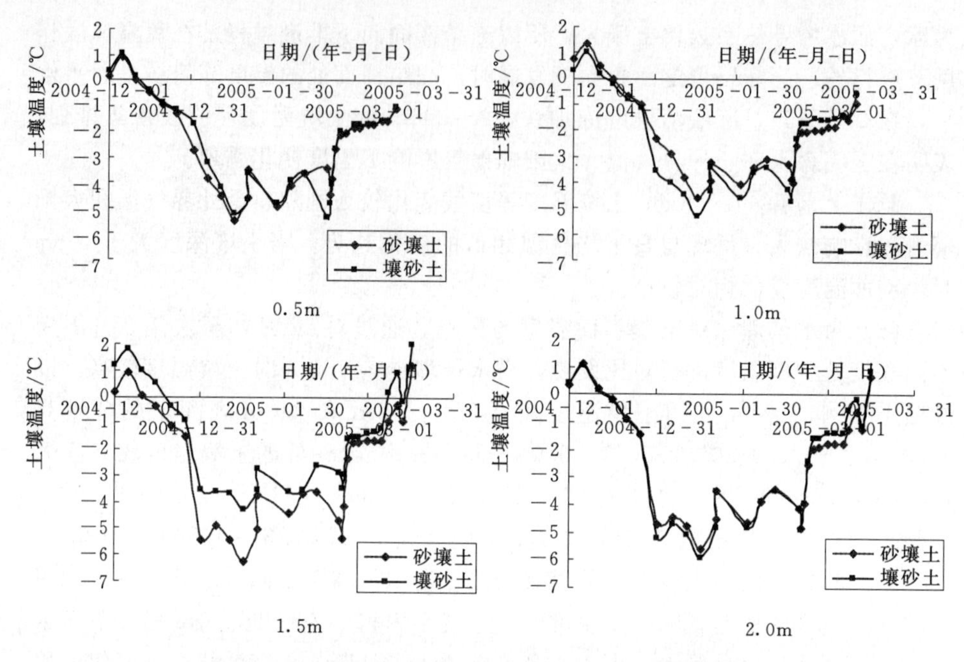

图 3.9　冻融期不同潜水位埋深下 30cm 处土壤温度对比

测数据的分析结果。

表 3.5　　2004—2005 年冻融期土壤剖面温度变化的分析结果

埋深/m	测点埋深/cm	砂壤土					壤砂土				
		极小值	极大值	均值	标准差	偏差系数	极小值	极大值	均值	标准差	偏差系数
0.5	5	−9.86	−0.75	−4.40	2.76		−9.60	−1.08	−4.43	2.78	
	10	−8.98	−0.87	−4.09	2.58		−8.47	−0.43	−3.82	2.46	
	15	−7.80	−0.20	−3.51	2.29		−7.17	0.34	−3.12	2.34	
	20	−7.54	−0.36	−3.70	2.07		−6.71	0.41	−3.04	2.00	
	30	−5.49	0.91	−2.46	1.67		−5.20	1.07	−2.39	1.72	
	50	−3.68	1.65	−1.92	1.45		−2.85	2.41	−1.30	1.48	
1.0	5	−9.44	−0.77	−4.30	2.81		−10.58	−0.82	−4.85	3.21	
	10	−8.32	−0.50	−3.82	2.54		−8.89	−0.50	−3.85	2.85	
	15	−7.22	0.05	−3.28	2.24		−7.92	−0.37	−3.63	2.47	
	20	−6.31	0.53	−2.86	1.97		−7.00	0.13	−3.17	2.22	
	30	−4.56	1.38	−2.13	1.56		−5.28	1.03	−2.34	1.75	
	50	−2.65	2.61	−1.27	1.57		−2.99	2.16	−1.46	1.45	
	70	−1.47	4.00	−0.15	1.78		−1.91	3.11	−0.79	1.62	
	100	−0.96	5.10	0.51	1.96		−1.28	4.26	0.08	1.81	

续表

埋深/m	测点埋深/cm	砂壤土					壤砂土				
		极小值	极大值	均值	标准差	偏差系数	极小值	极大值	均值	标准差	偏差系数
1.5	5	−11.47	1.08	−4.72	3.53		−10.71	8.00	−4.22	4.26	
	10	−10.55	0.48	−4.48	3.31		−9.47	1.07	−3.90	3.14	
	15	−9.35	0.41	−4.03	3.00		−7.93	1.35	−3.21	2.72	
	20	−7.96	0.84	−3.28	2.67		−6.25	1.66	−2.39	2.32	
	30	−6.28	1.19	−2.51	2.17		−4.31	1.99	−1.53	1.90	
	50	−2.89	2.22	−1.34	1.56		−3.61	2.87	−1.02	1.80	
	70	−2.62	3.47	−0.62	1.78		−3.21	3.16	−0.90	1.81	
	100	−1.00	5.07	0.55	1.91	3.49	−2.27	5.79	1.00	2.06	2.06
	150	0.54	7.37	2.15	2.20	1.02	0.20	7.94	2.46	2.34	0.95
2.0m	5	−11.27	0.57	−4.99	3.62		−12.31	0.95	−5.18	3.97	
	10	−9.84	0.49	−4.20	3.29		−10.74	0.53	−4.42	3.56	
	15	−8.68	0.91	−3.67	2.98		−9.50	0.50	−3.86	3.18	
	20	−7.36	0.61	−3.24	2.46		−8.63	0.29	−3.70	2.81	
	30	−5.61	1.11	−2.40	1.95		−5.90	1.01	−2.37	2.10	
	50	−2.97	2.52	−1.23	1.59		−3.65	2.20	−1.43	1.61	
	70	−1.57	3.93	−0.16	1.74		−1.92	3.48	−0.52	1.68	
	100	−0.39	5.75	1.06	1.97	1.85	−0.42	5.49	0.97	1.91	1.97
	150	0.60	8.16	2.81	2.30	0.82	0.85	7.92	2.68	2.26	0.84
	200	2.08	9.58	4.24	2.42	0.57	1.78	9.26	3.93	2.42	0.62

可见，土壤温度的变幅随着深度的增加而减小。这是由于水的比热较大，如果土壤含水率越高，温度升高或降低需要吸收或释放较多的热量。壤砂土由于土壤含水率较砂壤土小，同一深度的土壤温度变幅较砂壤土大。潜水位埋深为0.5m时，砂壤土和壤砂土含水率均较大，同一深度的土壤温度标准差几乎相近，砂壤土土壤温度均值较壤砂土低0.07～0.62℃。潜水位埋深大于0.5m时，同一深度的壤砂土温度标准差较砂壤土大。

随着潜水位埋深的增加，对于某一深度土壤温度，其变幅增大，0～30cm较为明显，对于砂壤土而言，0.5m埋深下的0～30cm土壤温度最大为0.91℃，最低为−9.86℃，土壤温度标准差为1.67～2.76℃，2.0m埋深下土壤温度最大为1.11℃，最低为−11.27℃，标准差为1.95～3.62℃；对于壤砂土，0.5m埋深下的0～30cm土壤温度最大为1.07℃，最低为−9.60℃，标准差为1.72～2.78℃，2.0m埋深下土壤温度最大为1.01℃，最低为−12.31℃，标准差为3.10～3.97℃。

可见，土壤剖面温度与土壤含水率联系紧密，潜水位埋深越大，冻融期剖面土壤含水率越小，土壤温度的变幅越大。

3.3　土壤冻融特征

3.3.1　土壤的自然冻融过程

据山西省水文水资源勘测局太谷均衡实验站冻土器实测冻土深度资料，2004—2005 年、2005—2006 年和 2006—2007 年 3 个冻融期土壤冻结与融化过程见图 3.10。

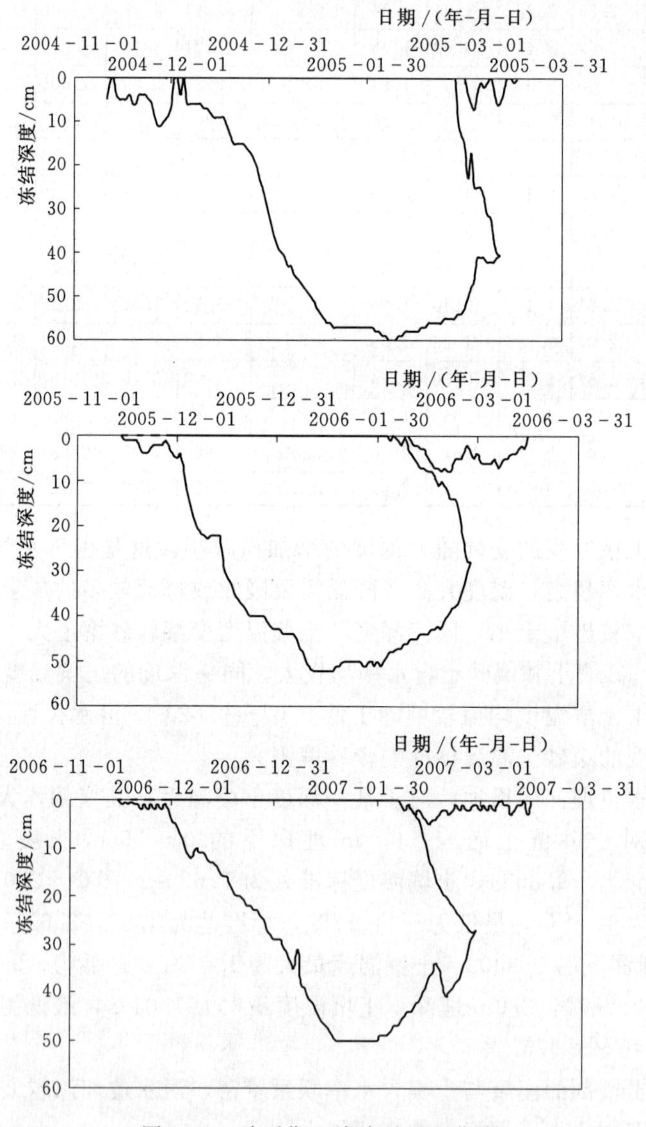

图 3.10　冻融期土壤冻融过程曲线

依据试验站土壤冻融特征，自然条件下土壤的整个冻融过程可划分为3个主要阶段，即不稳定冻结阶段、冻层稳定发展阶段和消融解冻阶段，见表3.6。

表3.6　　冻融阶段划分表

冻融阶段	2004—2005年	2005—2006年	2006—2007年
不稳定冻结阶段	11月11日至12月24日	11月14日至12月2日	11月15日至12月4日
稳定冻结阶段	12月25日至2月12日	12月3日至2月1日	12月5日至2月5日
消融解冻阶段	2月13日至3月17日	2月2日至3月16日	2月6日至3月15日
最大冻结深度及时间	60cm 2005年2月6—8日	52cm 2006年1月11—17日	50cm 2007年1月18—30日

在不稳定冻结阶段，0～5cm深度内的土壤经历了多次冻融循环。11月中旬试验区地表裸露条件下的土壤开始出现冻结，气温在0℃附近波动，表层土壤昼融夜冻，冻层位于地表及其附近，厚度薄、冻结强度低，冰晶在土粒周围聚集但彼此分离，多为粒状冻层和薄层霜状冻层。随着气温的不断下降和地表负积温的增加，12月上旬土壤进入冻层稳定发展阶段，随着冻层的不断向下发展，冻结锋面处未冻水含量的减少，使得土水势急剧降低，下层土壤水分源源不断地向冻结锋面运移；由于土壤冻结时间相对较长，所以该阶段冻层含冰率增高，冻层以密实状冻结为主。

2月中上旬，土壤进入消融解冻阶段，冻层从地表和下部两个方向融化；0～5cm深度的土壤受外界气温的影响再次经历数次冻融微循环，白昼气温0℃以上持续时间增长，冻层消融厚度明显增大，但夜间温度仍在0℃以下，地表在夜间又形成一定厚度的冻层，因此本阶段有“双冻层”形成，3月中旬冻层完全融通。

3.3.2 地表覆盖下土壤冻融特性

土壤的冻结深度取决于地表负积温[26]。据山西省水文水资源勘测局太谷均衡实验站冻土器实测冻土深度和不同覆盖条件下冻层的人工监测资料，绘制的2004—2005年冻融期土壤冻融过程见图3.11。依土壤冻融特征，土壤的整个冻融过程划分为3个主要阶段，即不稳定冻结阶段、冻层稳定发展阶段和消融解冻阶段。玉米秸秆覆盖地块不稳定冻结阶段特征不明显，宏观上表现为稳定冻结和消融解冻两个过程。

在不稳定冻结阶段，0～5cm深度内的土壤经历了多次冻融循环。11月11日裸地土壤开始冻结，气温在0℃附近波动，表层土壤昼融夜冻。地膜覆盖的保温效果较为明显，土壤初始冻结时间滞后裸地约30d，12月23日5cm处土

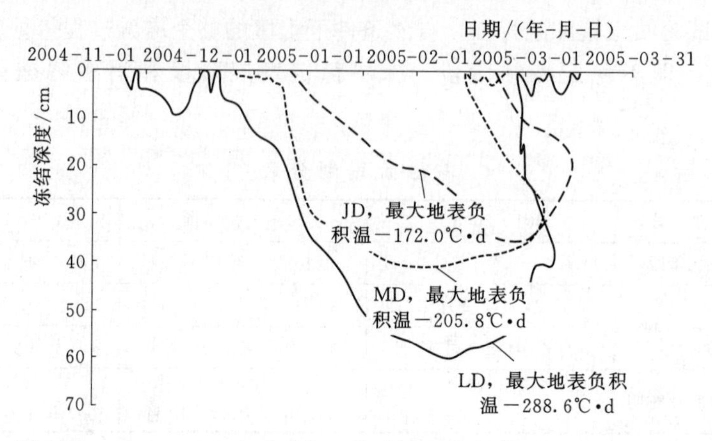

图 3.11　2004—2005 年冻融期土壤冻融过程曲线及最大地表负积温

壤温度仍为 0.7℃，本阶段表层土壤同样经历了昼融夜冻过程。在此阶段，冻层位于地表及其附近，厚度薄、冻结强度低，冰晶在土粒周围聚集但彼此分离，多为粒状冻层和薄层霜状冻层。

随着气温的不断下降和地表负积温的增加（平均增速为－5.5℃/d），裸地土壤在 12 月 25 日进入冻层稳定发展阶段，该阶段冻层逐渐向下稳定发展，冻结速率最大达 2.8cm/d，1 月 21 日冻结锋面到达 57cm 处；之后地表负积温增加缓慢（平均增速为－2.9℃/d），冻层向下发展速度也随之减慢，2 月 6 日冻层达到最大，为 60cm；地膜覆盖下冻层于 12 月 29 日开始稳定向下发展，土壤最大冻结速率达 4.0cm/d，1 月 21 日冻结锋面到达 40cm 处，2 月 6 日达到最大冻结深度 42cm。玉米秸秆覆盖层厚 18cm，有效地阻隔了土壤对太阳辐射热量的直接吸收，减弱了土壤与外界的水热交换，地面辐射平衡维持正值时间较长，初始冻结滞后裸地约 45d；冻融期地表负积温较低，仅－172.0℃·d，土壤冻结过程缓慢，1 月 1 日冻结深度为 4cm，1 月 21 日为 20cm，2 月 17 日达到最大冻结深度 35cm。在此阶段，随着冻层的形成及向下发展，冻结锋面处未冻水含量的减少，使得土水势急剧降低，下层土壤水分源源不断地向冻结锋面运移；由于土壤冻结时间相对较长，所以冻层含冰率增高，冻层以密实状冻结为主。

消融解冻阶段，冻层从地表和下部两个方向融化。2 月 13 日，裸地土壤进入消融解冻阶段，0～5cm 深度的土壤受外界气温的影响再次经历数次冻融微循环，白昼气温 0℃以上持续时间增长，冻层消融厚度明显增大，但夜间温度仍在 0℃以下，地表在夜间又形成一定厚度的冻层，因此本阶段有“双冻层”形成，3 月 17 日冻层完全融通。地膜覆盖下土壤初始消融时间较裸地滞后 4d，由于覆膜地块增温较快，所以消融解冻速度快过程较短，完全解冻较

裸地提前14d。2月26日，覆膜地冻层厚度仅18cm（22～40cm冻结），而裸地土壤冻层厚度为43cm（12～55cm冻结）。玉米秸秆覆盖地块土壤起始消融时间较裸地滞后8d，由于吸收的热量较少，消融过程极为缓慢，3月16日，15cm处土壤仍为冻结状态，冻土完全解冻滞后裸地约7d。

3.3.3 灌水对土壤冻融特性的影响

1. 土壤耕作层温度

图3.12为裸地、地膜覆盖和秸秆覆盖下不同试验地块耕作层10cm处土壤温度的变化曲线。11月30日，裸地处于土壤不稳定冻结阶段，冻层位于地表及其附近，而覆膜地和秸秆覆盖地土壤尚未冻结[24]。实施灌水后，裸地5～10cm土壤含水率由21.1%增加到次日的29.0%，覆膜地由18.1%增加到次日的23.9%，秸秆覆盖地由15.1%增加到次日的25.1%。由于土的导热系数随含水率的增大而增大[27]，所以灌水后土壤含水率的升高使土壤导热性能提高，灌水加剧了土气之间的能量交换，入冬后冻结期较早灌水不利于土壤蓄积热量。由图可知，不论何种地表条件，冻结期第1次灌水地块土壤温度在整个冻融期总体上处于较低值，LD1较LD0低1.7～7.8℃，最大差值出现在2月6日；MD1较MD0低1.0～4.4℃，最大差值出现在2月21日；JD1较JD0

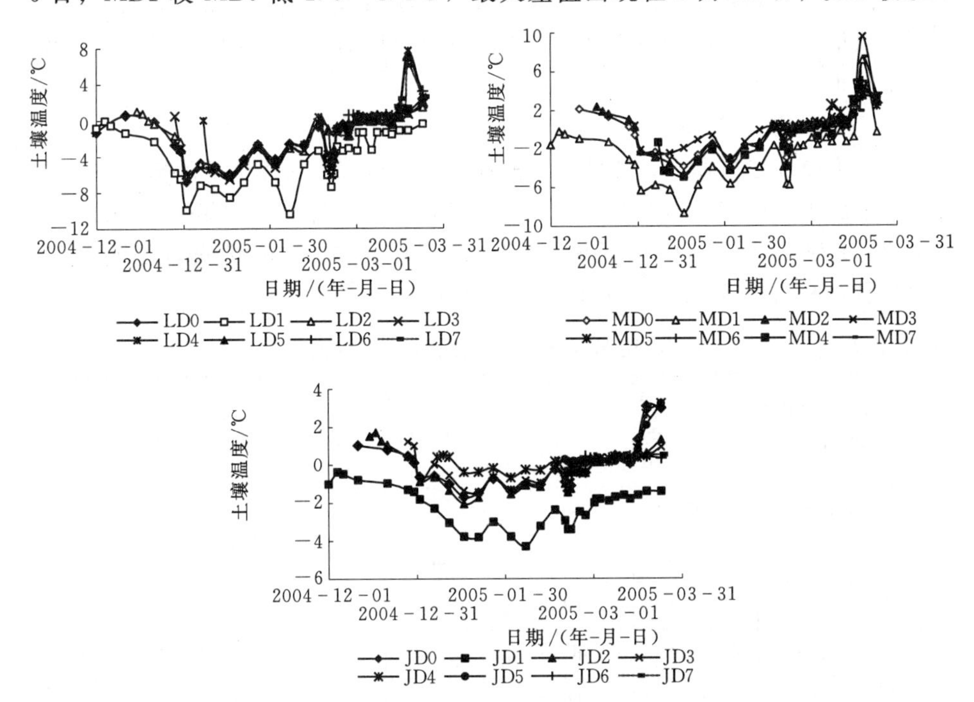

图3.12 不同试验地块土壤温度变化曲线

低1.2～4.5℃，最大差值出现在3月19日。12月14日灌水后，由于水中潜热的释放，LD、MD、JD土壤温度分别增高约1.1、0.3、0.2℃，但土壤含水率的增加使得土气之间的热交换加强，冻融期土壤温度总体上较未灌水地块低，LD2、MD2、JD2较未灌水地最大低0.7℃（2月11日）、0.6℃（2月21日）和2.0℃（3月19日）。可见，土壤温度的变化受土壤热特性以及地表与大气之间的热交换状况影响。入冬后在土壤冻结期较早的实施灌水降低了土壤耕作层温度，从预防越冬作物受低温冻害角度考虑，越冬期冬灌不宜太早。

当土壤温度出现负温并持续降低时，灌水对于提高土壤温度的效果越来越明显。12月下旬，外界气温逐渐达到年内最低，在地表土壤累积负温的作用下，裸地土壤冻层快速向下发展，12月27日和次年1月6日灌水后，裸地地块（LD3和LD4）土壤温度较LD0最高提高3.2～4.8℃。但由于土壤与外界的能量交换较强，该阶段灌水提高耕作层土壤温度持续的时间较短，约2～3d；地膜覆盖下，土壤可有效蓄积太阳辐射热，因此其耕作层土壤温度较裸地高，MD3和MD4耕作层土壤温度较MD0最高提高0.5～1.0℃；秸秆覆盖隔绝了土壤与外界的能量交换，保温效果显著，JD3和JD4耕作层土壤温度一直较JD0高，最高提高0.7～1.0℃。

翌年2月份，太阳辐射逐渐增强，气温开始回升，灌水对裸地和地膜覆盖地土壤温度的影响较小；由于灌水后土壤含水率增大，土壤温度升高需要吸收较多的热量，但秸秆覆盖减弱了地气间的水热交换，所以JD6和JD7土壤温度变幅较小且较JD0低。

2. 5cm土壤累积负温

对于不灌水地块而言，在外界气温和太阳辐射强度逐渐降低的影响下，12月下旬至次年1月初5cm处累积负温增加速率最大，冻结期（2004年11月11日至2005年2月12日）LD0、MD0和JD0地块5cm累积负温分别为－298.91℃·d、－152.82℃·d和－52.03℃·d（表3.7）。

表3.7　冻结期5cm累积负温及最大冻结深度

地块	灌水日期（年-月-日）	LD		MD		JD	
		5cm累积负温/（℃·d）	最大冻结深度/cm	5cm累积负温/（℃·d）	最大冻结深度/cm	5cm累积负温/（℃·d）	最大冻结深度/cm
G0	不灌水	－298.91	60	－152.82	42	－52.03	35
G1	2004-11-30	－429.15	63	－366.21	43	－146.53	35
G2	2004-12-14	－267.90	63	－161.17	45	－52.34	33
G3	2004-12-27	－292.92	60	－133.62	43	－62.21	33
G4	2005-01-06	－264.45	50	－126.63	39	－14.39	20

由于水的比热较大且是热的良导体，冻结期不同阶段灌水对于5cm土壤累积负温影响较大，灌水增加了土壤含水率，加剧了土气间的热交换，冻结期较早的灌水使得土壤温度较低，不论何种地表处理，冻结期第一次灌水地块5cm土壤累积负温最大。试验区1月最冷，平均气温为－6.8℃，在外界低温的作用下，5cm土壤累积负温快速增加。1月6日灌水后，LD土壤温度由－4.8℃升高至0℃，MD和JD分别升高1.0和0.5℃，降低了冻结期5cm土壤累积负温。秸秆覆盖下，灌水释放的潜热散失较少，5cm土壤累积负温较小，为－14.39℃·d。地表累积负温是影响土壤冻结深度的最主要因素，已有研究表明，冻结期间5cm土壤累积负温可表征土壤的最大冻结深度的变化特征[28]。然而，季节性冻融期地面灌水潜热的释放使得土壤冻融过程复杂化，改变了地表土壤的水热状况和土壤的自然冻结过程，使土壤的冻结过程更趋于复杂化。由表3.7可见，不同灌水地块5cm土壤累积负温与其最大冻结深度无一定的相关关系。

3. 土壤冻融特性

(1) LD。土壤的冻结和融化实质上是土壤水分的冻结和融化，即水分的相态变化过程，当土壤中的热量通过对流、导热等方式放出并使其温度降低到土壤的冻结温度时，其中的水分便开始冻结。由于水的比热较大，水分的冻结和融化过程中要释放或者吸收较多的热量，因此冻融期灌水必然影响土壤的冻融特性。图3.13为裸地不同灌水地块土壤冻融过程曲线。

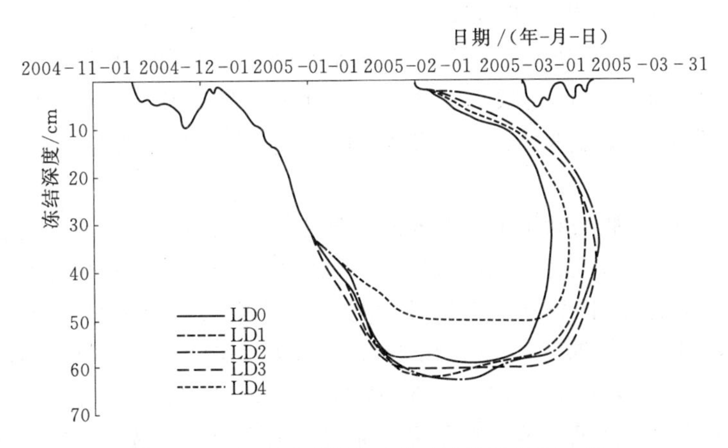

图3.13 裸地不同灌水地块土壤冻融过程曲线

地球表面与大气之间不断地进行着能量的交换，土壤冻结过程与地表温度变化过程有着密切的关系。11月11日，LD0土壤温度降至－0.4℃，达到冻结温度。11月11日至12月24日土壤经历不稳定冻结阶段，该阶段土壤呈昼融夜冻状态，冻结强度低，主要形成薄层霜状冻层，最大深度为15cm。

12月25日土壤进入冻层稳定发展阶段，土壤温度梯度向上，热量持续不断逸出土壤。在地表累积负温持续增加的作用下，冻层逐渐向下稳定发展，冻结速率最大达2.8cm/d，1月21日冻结锋面到达57cm处；之后地表负积温增加缓慢（平均增速为－2.9℃/d），冻层向下发展速度也随之减慢，到翌年2月6日冻层达到最大，为60cm；2月13日，裸地土壤进入消融解冻阶段，0～5cm深度的土壤受外界气温的影响经历数次冻融微循环，3月17日冻层完全融通。

不稳定冻结阶段，由于冻层位于地表，LD灌水后使冻层部分融化且土壤含水率增大加剧了裸地与外界热量的强烈交换，在外界负温的作用下土壤很快再次冻结，而且冻层稳定向下发展的速度较LD0快，冻层持续时间较长。稳定冻结阶段是土壤5cm累积负温增加较快阶段，灌水潜热的释放可显著减小冻层的最大冻结深度。由图可见，LD3与LD4的土壤冻融过程差异较大，其主要原因是12月27日和1月6日灌水引起的土壤累积负温差异较大。LD3累积负温为－292.92℃·d，1月6日，地表土壤累积负温增加速度较快（增速为－6.5℃/d），而此时灌水显著地降低了地表土壤的累积负温，LD4累积负温为－264.45℃·d，因此LD4冻层发展速度较小，最大冻结深度仅为50cm。

消融期，太阳辐射增强，外界气温逐渐回升，地面的热量收入大于热量支出，土壤表层开始消融并向深层发展。灌水促进了地表土壤的消融解冻过程，但对下部冻层的融化影响不明显。

可见，冻结期灌溉水在向下入渗过程中逐渐发生相变并释放热量，所以灌水后土壤的冻层厚度先减小，之后随着地表累积负温的作用冻层再次形成增厚。消融期灌水的热量为土壤消融解冻提供了热量，加速了地表冻层的融化。

(2) MD。地膜切断了土壤水分向空气中逸散的通道，限制了地表水分的蒸发，而另一方面，地膜覆盖后提高了土壤温度。所以，MD0初始冻结滞后LD0约30d，冻层于12月29日开始稳定向下发展，土壤最大冻结速率达4.0cm/d，最大冻结深度42cm。由图3.14可见，MD1、MD2和MD3土壤最大冻结深度较MD0略有增加，而MD4与MD1、MD2、MD3冻结特征不同。1月6日灌水后，降低了地表负积温，冻层向下发展速度减缓，冻结速度平均为0.3cm/d，最大冻结深度为39cm。

消融期，地膜覆盖下MD0耕作层土壤含水率较高（19.1%～21.0%），土壤中冻结的水分融化需吸收较多的热量，试验表明MD0初始消融时间较LD滞后约4d。由于覆膜地块增温较快，所以消融解冻速度快过程较短，完全解冻较裸地提前14d。消融期灌水对于地膜覆盖地块表层土壤的冻融影响较大，

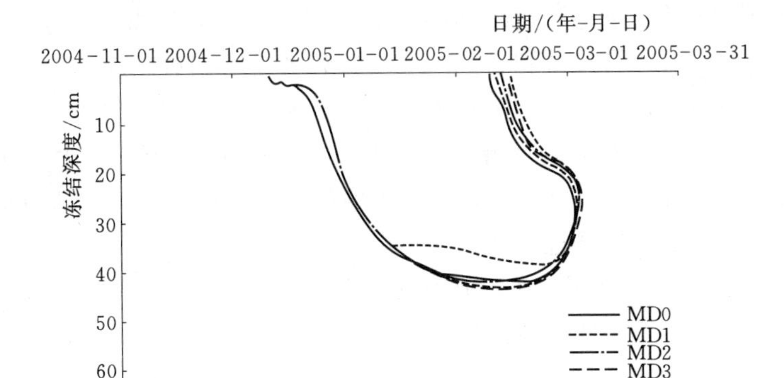

图 3.14 地膜覆盖下不同灌水地块土壤冻融过程曲线

湿润的土壤在白天储蓄了太阳辐射热，土壤辐射维持正平衡，表层土壤保持向下融化状态，但对于下部冻层解冻影响较小。

(3) JD。玉米秸秆覆盖层厚 18cm，有效地阻隔了土壤对太阳辐射热量的直接吸收，减弱了土壤与外界的水热交换，地面辐射平衡维持正值时间较长，因此，JD0 于 12 月 26 日开始冻结，滞后 LD0 约 45d。JD0 土壤冻结过程缓慢，1 月 1 日至 1 月 21 日，秸秆覆盖地 5cm 累积负温增速较快，为−1.1℃/d，冻层快速向下发展，冻结速率最大为 1.4cm/d，最大冻结深度 35cm。灌水的 JD1、JD2、JD3 土壤含水率增大 5.5%～11%，土壤导热系数增大，因此灌水后土壤冻结速度较 JD0 快。1 月 6 日灌水后地表土壤温度为 0.4℃，在秸秆保温的作用下表层土壤温度持续 5d 为 0.4℃，之后 5cm 土壤累积负温增速为−0.4℃/d，冻结速率最大为 0.6cm/d，最大冻结深度仅 20cm，土壤冻结过程较为缓慢（图 3.15）。

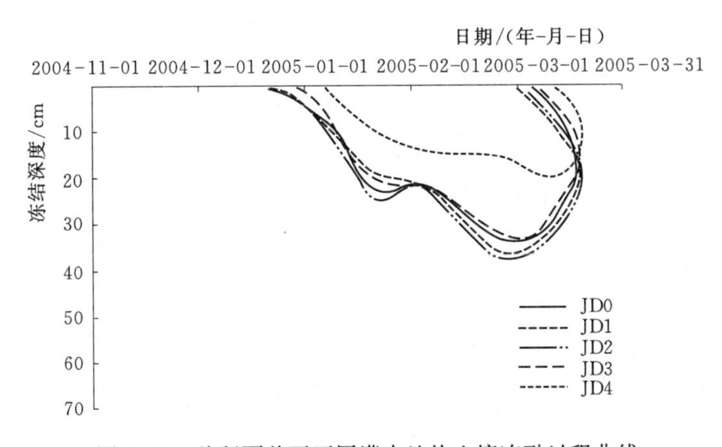

图 3.15 秸秆覆盖下不同灌水地块土壤冻融过程曲线

消融期，受秸秆覆盖隔热作用的影响，土壤吸收太阳辐射热量较裸地少，土壤的消融解冻速度较裸地慢。JD0 土壤起始消融时间较 LD0 滞后约 8d，由于土壤含水率较高，秸秆覆盖下吸收外界的热量较少，3 月 16 日，15cm 处土壤仍处于冻结状态，冻土完全解冻滞后裸地约 7d。但消融期灌水释放的热量为秸秆覆盖地土壤提供了能力，促进了土壤的消融解冻，由于秸秆的覆盖隔热作用，土壤完全消融解冻过程缓慢。

可见，在 5cm 土壤累积负温增加较快阶段灌水对于减小冻层厚度非常有利，同时地表有覆盖物地块灌水后土壤的冻结深度明显较未灌水时浅，原因是覆盖物减少了水中热量向外界的散失，水分释放的热量抵消了地表负积温的累积，从而减缓了冻层向下发展的速度。

3.3.4　不同潜水位下土壤冻融特性

1. 冻融过程

2005—2006 年冻融期不同潜水位埋深下砂壤土和壤砂土冻结与融化过程见图 3.16。

由图 3.16 可见，2005—2006 年冻融期不同潜水位埋深下土壤基本是在 11 月 14 日出现冻结，但最大冻结深度有所不同，1.0m 埋深下土壤冻结深度最大，当潜水位埋深大于 1.5m 时，随着潜水位埋深的增加最大冻结深度减小。

当潜水位埋深为 0.5m 时，砂壤土在 12 月 30 日冻层达到最大深度 49.2cm，而壤砂土此时冻层深度为 49.5cm，于次年 1 月 19 日达到最大冻结深度 49.8cm；土壤完全消融解冻时间与自然土壤消融时间基本一致，但壤砂土完全解冻时间较砂壤土提前 2d。

当潜水位埋深为 1.0m 时，砂壤土和壤砂土冻层在 2 月 1 日达到最大深度 97.6cm 和 98.9cm，冻结深度在 4 种不同潜水位埋深中最大，而且土壤消融解冻过程明显滞后于试验站自然土壤，3 月 28 日冻层完全消融解冻。

当潜水位埋深为 1.5m 时，砂壤土与壤砂土土壤剖面冻融过程有较为明显的区别，砂壤土冻层在 2 月 13 日达到最大深度 62.9cm，消融解冻过程缓慢，3 月 26 日完全消融解冻；壤砂土最大深度较砂壤土小 12.7cm 且提前约 18d，由于潜水位埋深相对增大且剖面土壤含水率较小，解冻过程明显缩短，3 月 5 日完全消融解冻。

当潜水位埋深为 2.0m 时，砂壤土冻层在 2 月 10 日达到最大深度 56.8cm，消融解冻过程仍然较为缓慢，完全消融解冻时间为 3 月 21 日，较 1.5m 埋深下提前 5d；壤砂土最大深度出现时间较砂壤土早且小了 5.3cm，3 月上旬完全消融解冻。

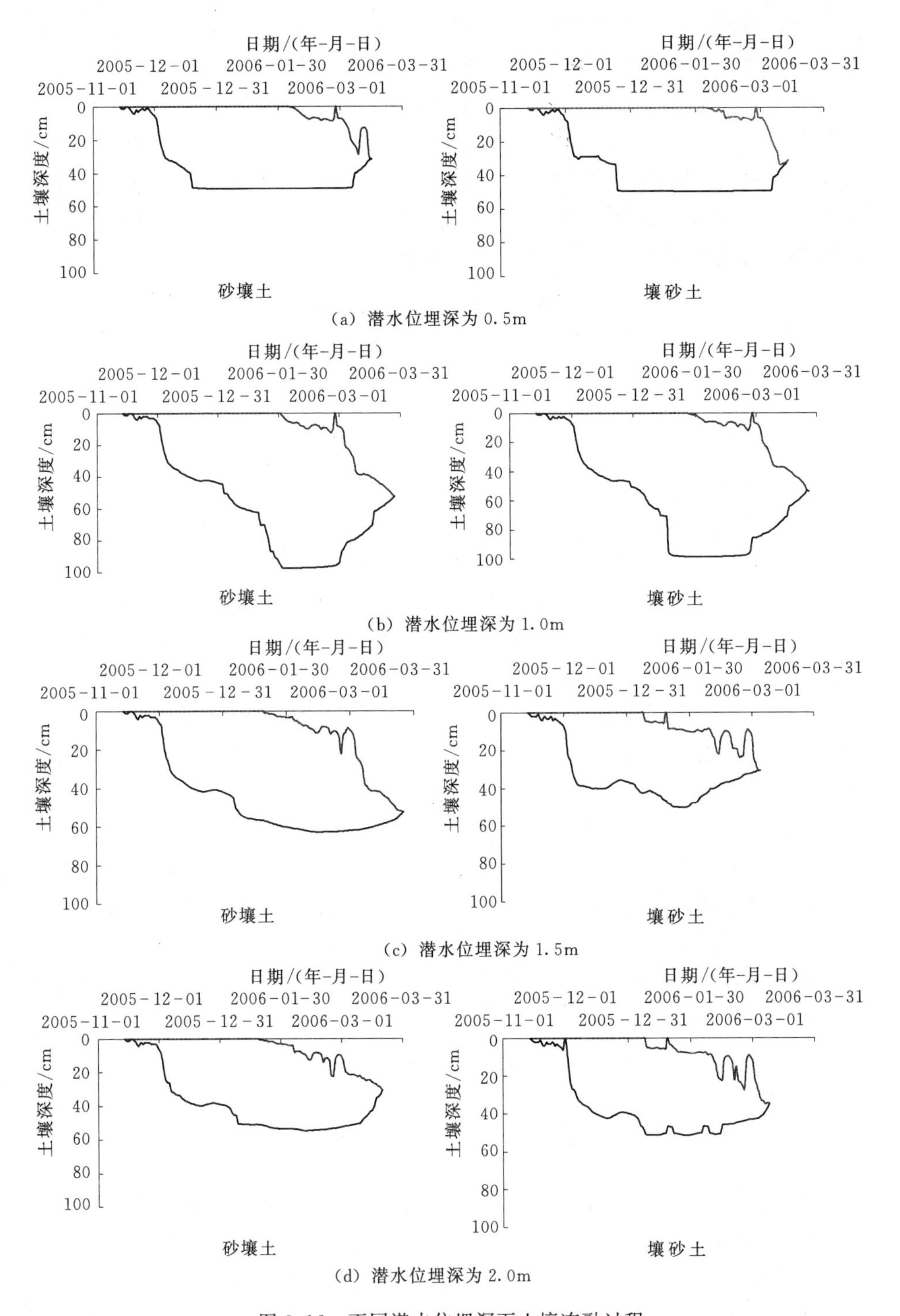

图3.16 不同潜水位埋深下土壤冻融过程

分析表明，不同潜水位埋深下的土壤剖面最大冻结深度对外界气象因素的变化比较敏感。2006—2007年冻融期日内最低气温为－8.2℃，日平均气温为－1.47℃，分别较2005—2006年冻融期高3.8℃和0.65℃。2006—2007年冻融期0.5m和1.0m埋深下的最大冻结深度略小于2005—2006年冻融期，对外界气温变化的敏感性较弱；但1.5m和2.0m埋深下最大冻结深度却明显小于2005—2006年冻融期，说明当潜水位埋深大于1.5m时，土壤剖面最大冻结深度对外界气温的变化较敏感，最大冻结深度见表3.8。

表3.8　　不同潜水位埋深下土壤最大冻结深度

冻融期	土壤质地	潜水位埋深/m			
		0.5	1.0	1.5	2.0
2005—2006年	砂壤土	49.2	97.6	62.9	56.8
	壤砂土	49.7	98.9	50.2	51.5
2006—2007年	砂壤土	49.2	97.0	41.3	41.0
	壤砂土	49.6	98.8	39.7	40.1

由表3.8可见，当潜水位埋深小于1.0m时，土壤剖面几乎全部出现冻结，在负温梯度的作用下，冻结锋面在接近潜水面附近处稳定，负温通过冻结锋面与潜水面之间的临界带传递给潜水，当这种平衡状态破坏时，即冻结锋面与潜水面之间的温度梯度出现向上时，冻结锋面开始上移，土壤出现由下向上的融化。随着潜水位埋深的逐渐增大，最大冻结深度逐渐接近自然状态下的土壤最大冻结深度，且最大冻结深度持续时间均缩短。

不同潜水位埋深下剖面土壤水分状况不同，而且温度差异也较大，所以与自然状态下的土壤冻融特征不同。土壤的冻结与融化实质上是土壤热量与水分多寡的综合表现，当温度降低到土壤冰点时便形成冻土，在相同的负温下，如果不受土壤颗粒吸附影响的水分越多则越容易冻结。土壤冻融速率与土壤剖面的导热特性有关，土壤获得热量的主要方式是热传导，单位时间通过单位面积的热量可用下式表示：

$$J_T = -k\frac{\partial T}{\partial z} \tag{3.5}$$

式中　k——导热系数，反映了土壤导热的性质；

$\partial T/\partial z$——土壤剖面温度梯度。

相同温度梯度下，导热系数的大小直接影响热流通量的多少。水的导热系数是空气的28倍，如果土壤含水率增大，那么部分孔隙被水分充填，使得土壤导热系数k较大。所以，潜水位埋深越小，在气温最冷时，土壤降温快，从而冻结速率较快；1.0m埋深下剖面土壤含水率相对较高，而且土壤温度也较

低，所以冻结深度较大。在消融解冻阶段，土壤含水率如果较高，尽管导热系数 k 较大，但地温的回升需要吸收较多的热量，所以解冻速率相对较慢。

2. 冻结深度与地表负积温之间的关系

虽然土壤冻结深度对外界气温较为敏感，但土壤冻结深度的决定性因素是地表负积温，因为随着气温的下降，地表土壤温度逐渐降低，剖面土壤形成了自上而下的负温梯度，在温度梯度的作用下引起土壤温度自上而下的逐渐降低。当某一深度土壤温度降低到冻结温度时土壤便发生冻结。所以，土壤冻层向下发展的深度与地表负积温有着密切的联系。但在地下水浅埋区，由于潜水位埋深浅，地表负积温随着不同的潜水位变化具有特殊的特征，图 3.17 为 2005—2006 年和 2006—2007 年两个冻融期实测的砂壤土和壤砂土地表负积温变化曲线。

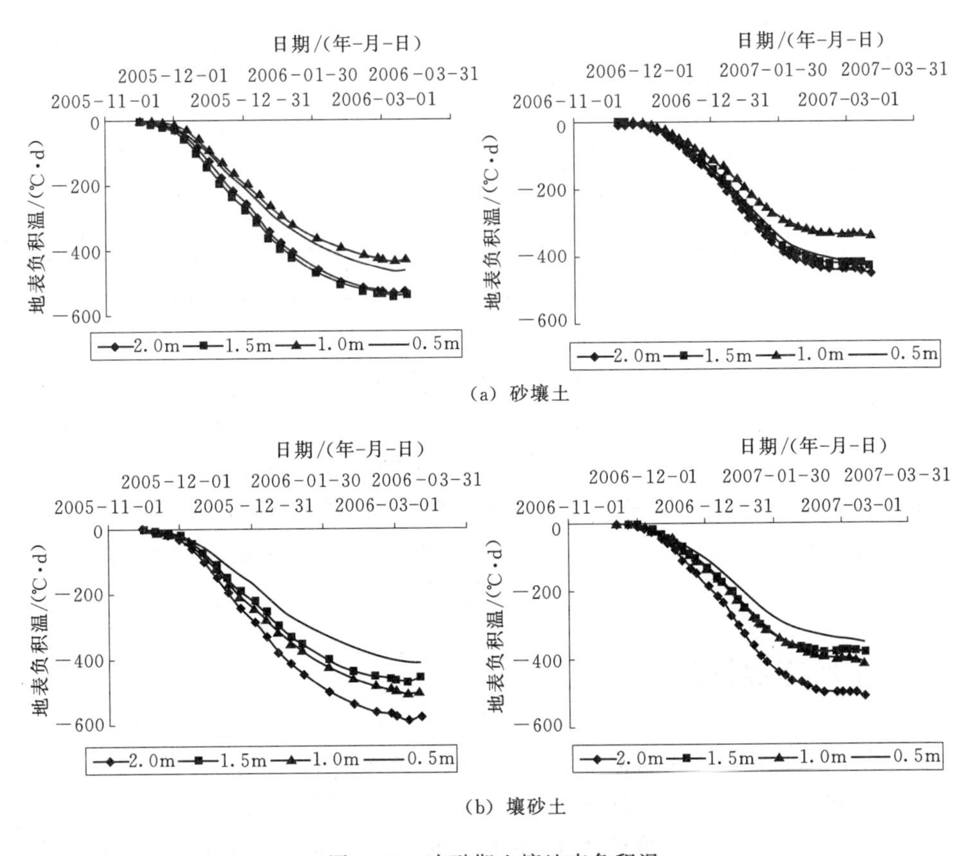

图 3.17 冻融期土壤地表负积温

可见，不同潜水位埋深下地表负积温并非简单地随着潜水位埋深的增加而增大，由于冻结期地下水源源不断地流入土壤剖面，液态水分在土壤剖面发生相变，影响土壤剖面温度，所以地表负积温变化受潜水入流量的影响。通过对比可知，砂壤土在0.5m埋深下的地表负积温高于1.0m，1.5m埋深下的地表负积温高于2.0m，而壤砂土却恰恰相反，2.0m埋深下的地表负积温最大，0.5m埋深下的地表负积温最小。通过不同潜水位埋深下土壤剖面冻结深度与地表负积温的统计分析，结果表明不同潜水位埋深下土壤剖面冻结深度与地表负积温的平方根呈线性关系，即：

$$H_f = AT_n^{0.5} + B \tag{3.6}$$

式中　H_f——冻结深度，cm；

T_n——地表负积温，℃·d；

A、B——经验系数，A表征在某一地表负积温作用下土壤的冻结速率。

不同潜水位埋深下冻结深度与地表负积温关系的回归系数见表3.9。

表3.9　冻结深度与地表负积温的拟合系数

潜水位埋深/m	砂壤土			壤砂土		
	A	B	R^2	A	B	R^2
0.5	0.213	2.121	0.843	0.228	1.649	0.846
1.0	0.206	2.487	0.828	0.198	3.381	0.911
1.5	0.344	2.325	0.906	0.375	−0.941	0.71
2.0	1.349	5.442	0.965	0.659	−12.351	0.866

从回归分析结果可知，不同潜水位埋深下土壤冻结深度与地表土壤负积温两者之间的相关关系显著，其中颗粒粒径较小的砂壤土回归效果较好。随着潜水位埋深的增加，回归系数A呈现增大的变化趋势，表明在相同的地表负温作用下，随着潜水位埋深的增加，土壤冻结速率增大。当地表负积温为零时，回归系数B等于土壤冻结深度，说明B反映了地表负积温为零时的土壤冻结深度，砂壤土回归系数B随着潜水位埋深的增加而增大，而壤砂土在潜水位埋深大于1.5m时B为负值，表明不出现冻结。

3.4　土壤冻融机理

土壤的冻结和融化实质上是土壤水分的冻结和融化，即水分的相态变化过程，当土壤中热量放出并且其温度降低到土壤的起始冻结温度时，水分便开始冻结。标准大气压下，纯净水在0℃冻结，称其冰点为0℃。由于土壤水受到土颗粒表面能的作用和溶解溶质的影响，所以在低于0℃以下冻结。土壤中液态水变成固态冰，这一结晶过程大致经历三个阶段：结晶生长点的形成-晶核结合或生长-冰晶的产生。冰晶生长的温度称为水的冻结温度，即冰点。因为结晶生长点的形成是在比冰点更低的温度下形成的，所以土壤水的冻结过程一般经历过冷（AB）、跳跃（BC）、恒定（CD）和递降（DE）等几个阶段，见图 3.18。

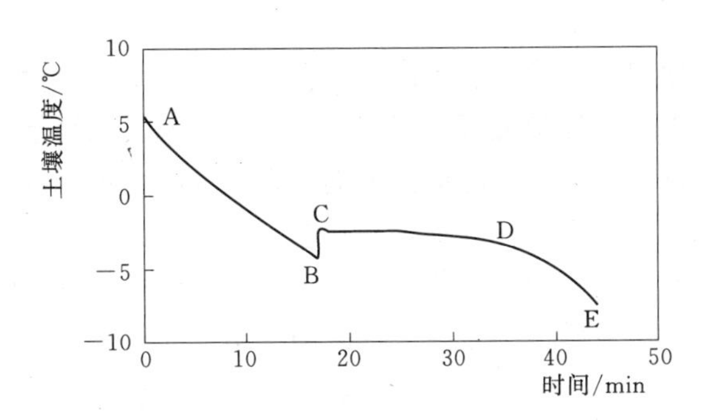

图 3.18 土壤中水分的冻结过程

在过冷阶段，土壤中的水分处于负温，但无冰晶存在，土壤温度随时间线性降低。温度跳跃阶段，土壤中的水分形成冰晶芽和冰晶生长时，立即释放结晶潜热，使土温骤然升高；土壤中水的过冷及其持续时间主要取决于土壤中含水率和冷却速度。土温接近 0℃时，土壤中水可长期处于不结晶状态。恒定阶段为土壤水相变为冰的过程。递降阶段，随着土壤中的水分部分相变成冰，水膜厚度减薄，土壤颗粒对水分子的束缚能增大及水溶液中离子浓度增高，土壤温度持续降低。根据曲线中温度跳跃的特征，得到跳跃后最高且稳定点的温度即为土壤的起始冻结温度，该温度与纯水冰点（0℃）间的差值称为冰点降低。

由于土壤中水分受到土壤颗粒表面能的作用，水分子无序的布朗运动受到束缚，受束缚的程度与距固体颗粒表面的距离有关，距离越近则水分子的动能越小，水分子要脱离表面能的束缚，组成六方晶系的冰格架需要更多的能量。所以，土壤温度降低时，土壤中不同形式的水冻结的顺序为：重力水、毛管水、薄膜水和部分吸着水，随着土水势绝对值增大，冻结负温度逐渐增高，但土壤中部分吸着水及结晶水和化合水始终不发生冻结。从分子热力学观点来看，液态水分始终在做无序的布朗运动，动能的大小与温度有关，当土壤温度升高时，动能逐渐变大，冻结土壤水分逐渐消融。

由于土壤中水分的含量和来源不同，土壤水冻结成冰的种类也不同，主要有两种：原位冻结成冰和水分迁移后冻结成冰。原位冻结成冰是指非饱和土体在快速冻结条件下，由水汽直接凝化形成的凝化冰，一般以冰晶单体的形式存在于土颗粒孔隙或收缩缝间；由液态水原位冻结形成的胶结水，存在于土颗粒接触处或孔隙间。水分迁移后冻结成冰是指含水率较大或有外间水分补给的土壤，在温度梯度的作用下，缓慢冻结过程中未冻水分向温度较低的方向迁移并被冻结而形成的。

3.5　本章小结

对冻融期耕作层土壤温度、不同秸秆覆盖量及不同潜水位下的土壤温度进行了试验研究，采用统计学分析了不同秸秆覆盖量及不同潜水位下的土壤温度在冻融期的变化特征，分析了冻融期土壤的自然冻融过程，以及地表覆盖、灌水和地下水等对土壤冻融特征的影响。本章小结如下：

（1）季节性冻融期不同地表条件下耕作层土壤温度的变化幅度随着土壤深度的增加而减小。裸地耕作层地温与日平均气温变化可较好地用回归方程 $y=\alpha_0+\alpha_1x+\alpha_2x^2$（$-14.2\leqslant x\leqslant 11.2$）表示；随着土壤深度的增加，二者相关性减弱。地表实施覆盖后地温变幅减小，地膜覆盖地块地温较裸地高1.6～2.6℃，秸秆覆盖地块地温较裸地高1.0～2.8℃。

（2）秸秆覆盖后显著地抑制冻融期土壤温度的变化幅度，JD05温度变化活跃层为0～20cm，JD10温度变化活跃层为0～10cm，当秸秆覆盖厚度大于15cm时，冻融期土壤剖面温度均达到1.1℃以上且变化相对平缓，随着秸秆覆盖量的增加土壤保温效果不明显。

（3）不同潜水位埋深下土壤温度变化特征。0～30cm土壤温度等值线变化较为剧烈，受外界气温和太阳辐射的影响较大，呈现与日平均气温相似的变化趋势。当土壤深度大于40cm时，剖面温度变化相对较小。随着潜水位埋深的增加，对于同一深度土壤温度，其变幅增大，0～30cm较为明显。对于同一潜水位埋深，土壤温度随着深度的增加变幅减小。壤砂土同一深度的土壤温度变幅较砂壤土大。

（4）季节性冻融期，LD和MD土壤冻融过程分为不稳定冻结阶段、冻层稳定发展阶段和消融解冻三个阶段，玉米秸秆覆盖地块宏观上表现为稳定冻结和消融解冻两个主要过程。土壤自然冻结条件下最大冻结深度为60cm，最大冻结速率达2.8cm/d；地膜覆盖地块土壤初始冻结滞后裸地约30d，最大冻结深度为42cm，土壤冻结快解冻过程短，最大冻结速率4.0cm/d，土壤完全解冻提前裸地14d；秸秆覆盖地块土壤初始冻结滞后裸地约45d，最大冻结深度为35cm，土壤完全解冻滞后裸地7d。

（5）季节性冻融期灌水对于土壤温度和冻融特性的影响较大。在5cm土壤累积负温快速增加阶段实施灌溉，可减小土壤冻结深度，冻融期其他时间灌水对冻层最大冻结深度影响较小。消融期，裸地灌水加速了地表冻层的融化，地膜覆盖地块灌水后表层土壤保持向下融化状态，对于下部冻层解冻速度影响较小；而秸秆覆盖不利于土壤的消融解冻，土壤完全消融解冻过程缓慢。

（6）不同潜水位埋深下土壤冻融特征。不同潜水位埋深下土壤最大冻结深度有所不同，0.5m 和 1.0m 埋深下土壤冻结厚度大，整个土壤剖面几乎冻结；1.0m 埋深下土壤冻结深度最大，消融解冻过程缓慢，完全解冻时间滞后自然解冻时间约 12d。1.5m 和 2.0m 埋深下土壤最大冻结深度对外界气温的变化较敏感。不同潜水位埋深下土壤冻结深度（H_f）与地表负积温的平方根（$T_n^{0.5}$）呈线性关系，即 $H_f = AT_n^{0.5} + B$，其中 A 和 B 为回归系数。

参　考　文　献

[1] 周幼吾，郭东信，程国栋，等．中国冻土 [M]. 北京：科学出版社，2000.

[2] 冯学民，蔡德利．土壤温度与气温及纬度和海拔关系的研究 [J]. 土壤学报，2004，41 (3)：489 - 491.

[3] Li S X，Wang Z H，Li S Q，et al. Effect of plastic sheet mulch，wheat straw mulch，and maize growth on water loss by evaporation in dryland areas of China [J]. Agricultural Water Management，2013，116：39 - 49.

[4] 陈素英，张喜英，裴冬，等．玉米秸秆覆盖对麦田土壤温度和土壤蒸发的影响 [J]. 农业工程学报，2005，21 (10)：171 - 173.

[5] 孙博，解建仓，汪妮，等．秸秆覆盖对盐渍化土壤水盐动态的影响 [J]. 干旱地区农业研究，2011，29 (4)：180 - 184.

[6] 高飞，贾志宽，韩清芳，等．秸秆覆盖量对土壤水分利用及春玉米产量的影响 [J]. 干旱地区农业研究，2012，30 (1)：104 - 112.

[7] 蔡太义，贾志宽，孟蕾，等．渭北旱塬不同秸秆覆盖量对土壤水分和春玉米产量的影响 [J]. 农业工程学报，2011，27 (3)：43 - 48.

[8] Ramakrishna A，Tam H M，Wani S P，et al. Effect of mulch on soil temperature，moisture，weed infestation and yield of groundnut in northern Vietnam [J]. Field Crops Research，2006，95 (2/3)：115 - 125.

[9] Bunna S，Sinath P，Makara O，et al. Effects of straw mulch on mungbean yield in rice fields with strongly compacted soils [J]. Field Crops Research，2011，124 (3)：295 -301.

[10] 鲁向晖，隋艳艳，王飞，等．秸秆覆盖对旱地玉米休闲田土壤水分状况影响研究 [J]. 干旱区资源与环境，2008，22 (3)：156 - 159.

[11] 吴庆华，张薇，蔺文静，等．秸秆覆盖条件下土壤水动态演变规律研究 [J]. 干旱地区农业研究，2009，27 (4)：76 - 82.

[12] 李玲玲，黄高宝，张仁陟，等．免耕秸秆覆盖对旱作农田土壤水分的影响 [J]. 水土保持学报，2005，19 (5)：94 - 96，116.

[13] 王兆伟，王春堂，郝卫平，等．秸秆覆盖下的土壤水热运移 [J]. 中国农学通报，2010，26 (13)：239 - 242.

[14] Flerchinger G N，Sauer T J，Aiken R A. Effects of crop residue cover and architecture on heat and water transfer at the soil surface [J]. Geoderma，2003，116 (1/2)：

217 -233.

[15] 薛兰兰．秸秆覆盖保护性种植的土壤养分效应和作物生理生化响应机制研究［D］. 重庆：西南大学，2011.

[16] 卜玉山，苗果园，周乃健，等．地膜和秸秆覆盖土壤肥力效应分析与比较［J］. 中国农业科学，2006，39 (5)：1069 - 1075.

[17] 黄高宝，李玲玲，张仁陟，等．免耕秸秆覆盖对旱作麦田土壤温度的影响［J］. 干旱地区农业研究，2006，24 (5)：1 - 4，19.

[18] 陈素英，张喜英，刘孟雨，等．玉米秸秆覆盖麦田下的土壤温度和土壤水分动态规律［J］. 中国农业气象，2002，23 (4)：34 - 37.

[19] 员学锋，吴普特，汪有科，等．免耕条件下秸秆覆盖保墒灌溉的土壤水、热及作物效应研究［J］. 农业工程学报，2006，22 (7)：22 - 26.

[20] 脱云飞，费良军，杨路华，等．秸秆覆盖对夏玉米农田土壤水分与热量影响的模拟研究［J］. 农业工程学报，2007，23 (6)：27 - 32.

[21] 杨金凤，郑秀清，孙明．地表覆盖对季节性冻融土壤温度影响研究［J］. 太原理工大学学报，2006，37 (3)：358 - 360.

[22] 郑秀清，陈军锋，邢述彦．不同地表覆盖下冻融土壤入渗能力及入渗参数［J］. 农业工程学报，2009，25 (11)：23 - 28.

[23] 陈军锋，郑秀清，臧红飞，等．季节性冻融期灌水对土壤温度及冻融特性影响的研究［J］. 农业机械学报，2013，44 (3)：104 - 109.

[24] 郑秀清，陈军锋，邢述彦，等．季节性冻融期耕作层土壤温度及土壤冻融特性的试验研究［J］. 灌溉排水学报，2009，28 (3)：66 - 68.

[25] 苗春燕，郑秀清，陈军锋．季节性冻融期不同地下水位埋深下土壤温度变化特征［J］. 中国农学通报，2008，24 (1)：496 - 502.

[26] 郑秀清，樊贵盛，邢述彦．水分在季节性非饱和冻融土壤中的运动［M］. 北京：地质出版社，2002.

[27] 徐学祖，邓友生．冻土中水分迁移的实验研究［M］. 北京：科学出版社，1991.

[28] 李韧，赵林，丁永建，等．青藏高原季节冻土的气候学特征［J］. 冰川冻土，2009，31 (6)：1051 - 1056.

第4章　季节性冻融期田间土壤水分运动

冻融期土壤剖面水分运动包括土壤水分的入渗和剖面水分迁移，一般条件下，土壤剖面中土壤水分总是选择渗透阻力较小的通道运移，当土壤剖面中存在阻力较小的通道时，部分水分便会经过通道运移。如果不考虑土水势对渗流的影响，土壤剖面中非饱和流运动可用达西定律来描述，垂直向下一维流的渗透速度可用下式来表示：

$$V_z = -K(\theta)\frac{\partial H}{\partial Z} \tag{4.1}$$

式中　V_z——渗透速度，m/s；

$K(\theta)$——土壤水力传导系数，是含水量的函数；

H——水头高度，m；

Z——土壤剖面厚度，m。

土壤剖面中土壤水分呈非饱和渗流时，水分运移受到土水势的作用。总土水势由基质势 ψ_m、压力势 ψ_p、溶质势 ψ_S、重力势 ψ_g 和温度势 ψ_T 5个分势构成，其各自的作用及大小视特定条件而异，因此，土壤剖面中土壤水分的运动过程较为复杂。土壤水的总土水势 ψ 为上述五个分势之和，五个分势在实际问题中并不是同等重要的，分析土壤剖面水分运动时，溶质势和温度势一般都可以不考虑。对于饱水带，由于基质势 $\psi_m=0$，因此，总水势 ψ 由压力势 ψ_P 和重力势 ψ_g 组成。对于非饱和带水，在不考虑气压势的情况下，$\psi_P=0$，其总水势 ψ 由基质势 ψ_m 和重力势 ψ_g 组成。

4.1　地表覆盖下土壤水分入渗特性

入渗是自然界水循环中的一个重要环节，也是地面水转换为可供植物吸收利用的土壤水的唯一途径。地表径流和土壤侵蚀、融雪、雨水或灌溉对浅层地下水的补给以及化肥、农药和污染物在土壤中的迁移等无一不涉及到土壤水分入渗问题。冻融土壤水分入渗特性是反映冻融土壤物理特性的主要参数之一。非饱和土壤的水分入渗特性是土壤物理学、水文学及水资源、农田水利学、水文地质学和灌溉排水等学科的关注焦点，冻融土壤的入渗特性在地表产流、水资源评价与管理、工程冻胀、污染物迁移及农业冬春灌溉工作中具有重要意义。冻融土壤水分入渗是指具有一定温度的雨水、融雪水、灌溉水垂直向下进入冻融土壤的过程。由于冻融土壤介质的特殊性及水分运动的重要性，国内外学者进行了大量的冻融土壤中水分入渗和迁移的试验研究，Stoeckler 等[1]最早对冻土入渗进行研究，将冻土分为密实状冻结、疏松状冻结和颗粒状冻结3种类型，并用单环入渗仪测了其入渗率；Bloomsbury 等[2]室内测定了不同初始含水率的土样在快速冻结条件下的渗透性；Kane 等[3]用双环入渗仪在美国Alaska季节性冻土中做了不同含水率条件下的入渗试验；Zuzel 等[4]用模拟降雨装置测定了茬地、冬小麦田和犁地在深秋冻结之前、冬季冻结期和春季消融期的入渗率；Pikul 等[5]进行了土壤冻结期已耕地和未耕地在两个不同冻层厚度下的入渗试验，还有一些学者从不同角度研究了融雪水入渗[6-9]。土壤含水率[10]、地下水位埋深[11]、灌溉水温[12]、土壤质地、土壤结构、冻层厚度[13]及地表处理条件等因素均影响冻融土壤水分入渗特性，然而关于地表覆盖下冻融土壤水分的入渗特性影响的试验研究未见报道。

土壤的入渗过程一般可在90min内达到相对稳定[10-14]，因此可选90min的累积入渗量作为反映土壤入渗能力的指标，用 H_{90} 表示。入渗达到相对稳定后，以90min时的入渗率作为土壤的相对稳定入渗率，即稳渗率。

4.1.1　地膜覆盖对冻融土壤入渗特性的影响

表4.1为冻融期覆膜地与裸地入渗试验条件及 H_{90} 对比结果。表4.2为冻融期覆膜地与裸地不同时刻的入渗率。

表4.1　土壤入渗试验条件及 H_{90} 比较

冻融阶段	日期/(月-日)	试验水温/℃	土壤含水率/%		表层土壤温度/℃		H_{90}/mm		$H_{90覆膜}/H_{90裸地}$
			MD	LD	MD	LD	MD	LD	
冻结初期	12-12	1.5	18.2	18.1	1.5	−0.5	55.2	41.6	1.33
	12-23	1.5	18.9	17.0	0.7	−2.1	43.8	33.6	1.30
冻结中期	01-01	3.5	20.1	16.7	−1.9	−5.6	29.4	23.8	1.24
冻结末期	01-26	4.5	20.3	13.5	−2.0	−5.4	20.5	27.1	0.76
消融阶段	02-20	4.0	20.5	11.1	−1.7	−5.1	24.3	36.3	0.67
	03-19	9.0	19.8	7.7	3.5	1.2	72.8	92.1	0.79

1. 冻结阶段

(1) 对土壤入渗能力的影响。由表4.1可知，土壤冻结初期，两试验田块土壤含水率相差甚微，覆膜地的 H_{90} 却较大。冻结初期覆膜地的 H_{90} 是裸地的1.33倍，到冻结中期时减小至1.24倍。累积入渗量是90min内由地表进入土壤中的总水量，其大小是由地表土壤含水率和冻层的密实度决定的；而冻层的密实程度受土壤含冰量（即水分相变量）的控制，土壤含冰量的多少取决于土壤负温及累积负温。地膜覆盖地块表层土壤温度明显高于裸地，累积负温较裸地低，所以入渗能力较裸地高。

表 4.2　　冻融期土壤入渗率比较

冻融阶段	日期/（月-日）	覆膜地入渗率/（cm·min^{-1}）				裸地入渗率/（cm·min^{-1}）			
		5min	10min	60min	90min	5min	10min	60min	90min
冻结初期	12-12	0.353	0.082	0.017	0.008	0.085	0.067	0.024	0.019
	12-23	0.265	0.062	0.012	0.007	0.071	0.048	0.014	0.013
冻结中期	01-01	0.030	0.016	0.005	0.005	0.047	0.014	0	0
冻结末期	01-26	0.076	0.032	0.006	0.006	0.113	0.040	0.002	0.002
消融阶段	02-20	0.030	0.022	0.017	0.015	0.041	0.038	0.015	0.005
	03-19	0.107	0.077	0.040	0.036	0.217	0.188	0.033	0.032

随着气温的下降以及负积温的增加，冻层逐渐向下发展，成为控制土壤水分入渗的主要因素[13]。虽然裸地地表土壤含水率有所减小，但是在1月中旬之前，H_{90}主要受冻层厚度及其密实度的控制。1月下旬之后，随着气温回升，蒸发作用增强，导致裸地地表含水率进一步降低，土壤冰点降低，土壤呈现松散状冻结，此时土壤的入渗控制界面下降到地表之下密实冻层处，所以入渗能力略有提高。地膜覆盖田块其表层土壤含水率稳定在20%左右，随着冻结作用的增强，表层土壤冻结密实度增加，水力传导度减小，所以入渗能力逐渐减弱，至1月26日，覆膜地H_{90}仅为裸地的76%。

（2）对土壤入渗率的影响。由表4.2可看出，不论是覆膜地，还是裸地，冻融土壤的入渗率均随着入渗时间的延长而呈幂指数规律减小。在冻结初期，入渗开始阶段覆膜地的入渗率较高，在5min时刻，覆膜地的入渗率为0.353cm·min^{-1}，而裸地仅为0.085cm·min^{-1}；稳定入渗后则覆膜地的入渗率较裸地低57.9%。冻结中期，随着土壤负积温的增加，土壤的入渗率随之减小。裸地由于地表含水率较低，相应冰点降低，所以初始入渗率较高，入渗开始后的10min内裸地入渗率高于覆膜地；其后受相对密实冻层的阻渗作用的影响，稳渗率逐渐降低，到60min时入渗率减小到零，但覆膜地为0.005cm·min^{-1}。到冻结末期，裸地土壤在第5min时的入渗率增大到0.113cm·min^{-1}，而覆膜地土壤在同时刻的入渗率仅为0.076cm·min^{-1}；覆膜地稳渗率仍高于裸地，这是由于覆膜地表层土壤冻结历时较短，冻层的阻渗作用相对较小所致。

2. 消融阶段

（1）对土壤入渗能力的影响。2月中下旬土壤开始消融，表层土壤昼融夜冻。此阶段对入渗水流起控制作用的因素除了冻层之外，还有表层土壤含水率。覆膜地表层土壤含水率达到 20.5%，而裸地则降低到 11.1%。2 月 20 日，覆膜地的 H_{90} 为 24.3mm，裸地为 36.3mm。

3 月中旬，冻层全部融通，控制土壤入渗能力的主要因素为土壤含水率[10,14]。土壤经过冬季的冻融胀缩之后，裸地表层土壤受蒸发的作用极为强烈，加之冬季缺少有效的降水，所以表层土壤含水率逐渐降低到 7.7%，比 12 月初减少 61.1%；地膜覆盖表层土壤水分几乎不发生向外间逸散，土壤含水率变化较小。因此，覆膜地的 H_{90} 低于裸地。3 月 19 日，覆膜地的 H_{90} 为 72.8mm，而裸地为 92.1mm。

（2）对土壤入渗率的影响。消融期，裸地表层土壤在蒸发作用的影响下，含水率较低，土水势梯度较大，在灌溉水施加于土壤表面后的短时间内，入渗率较高，随着入渗的进行，土水势梯度逐渐降低，入渗率减小，最后达到稳定入渗。地膜覆盖土壤表层含水率较高，土水势梯度较小，所以入渗开始后土壤入渗率较低。3 月 19 日裸地土壤在第 5min 时的入渗率为 0.217cm · min^{-1}，而覆膜地在同时刻仅为 0.107cm · min^{-1}，较裸地入渗能力低 50.7%。随着入渗的进行，含水率对入渗率的影响逐渐减弱。当土壤达到稳定入渗时，覆膜地的稳渗率为 0.036cm · min^{-1}，略高于裸地的 0.032cm · min^{-1}，这是因为冻融期覆膜地块的土壤含水率较裸地高，其水分发生相变的程度较高，消融后土壤的孔隙率较裸地高所致。

4.1.2　秸秆覆盖对冻融土壤入渗特性的影响

表 4.3 为冻融期秸秆覆盖地与裸地入渗试验条件及 H_{90} 对比结果。

表 4.3　土壤入渗试验条件及 H_{90} 比较

冻融阶段	日期/(月-日)	试验水温/℃	土壤含水率/%		表层土壤温度/℃		H_{90}/mm		稳渗率 f_0 /(cm · min^{-1})		$H_{90秸秆}$/$H_{90裸地}$
			JD	LD	JD	LD	JD	LD	JD	LD	
初冻	11-24	3.3	19.8	17.5	−0.6	−0.4	47.7	67.1	0.011	0.029	0.71
	12-12	1.5	16.7	18.1	1.0	−0.5	55.2	41.6	0.061	0.019	1.33
	12-23	1.5	16.7	17.0	−0.4	−2.1	43.8	33.6	0.023	0.013	1.30
稳冻	01-01	3.5	18.4	16.7	−2.1	−5.6	29.4	23.8	0.008	0	1.24
	01-26	4.5	15.2	13.5	−2.2	−5.4	20.5	27.1	0.004	0.002	0.76
消融	02-20	4.0	14.5	11.1	−2.9	−5.1	24.3	36.3	0.009	0.015	0.67
	03-02	5.0	13.0	9.4	−1.2	0.5	35.6	39.5	0.002	0.001	0.90
	03-19	9.0	11.0	7.7	1.6	1.2	72.8	92.1	0.013	0.033	0.79

注　土壤含水率为表层 10cm 内的平均含水率，表层土壤温度指 5cm 处的温度。

秸秆覆盖是减少土壤蒸发的主要低成本措施，可以抑制土壤水分的蒸发[15-16]。但是，玉米秸秆具有吸水性，覆盖秸秆后，土壤表层含水率由覆盖前的19.8%减小到12月12日的16.7%；由于秸秆的保温作用，地表覆盖秸秆后5cm处的土壤温度在12月12日达1.0℃。因此，秸秆覆盖后土壤的入渗能力先增大，由47.7mm增大到55.2mm。之后，随着气温的急剧下降，12月下旬秸秆覆盖地土壤温度开始出现负温，入渗能力在12月23日降低到43.8mm。12月26日，秸秆覆盖地开始有冻层出现，并且随着气温下降和地表负积温的增加，冻层逐渐向下发展。初冻阶段裸地土壤呈粒状冻结，冻层位于地表，是土壤入渗水分的控制界面。

1月1日，秸秆覆盖地冻层厚度达到4cm，H_{90}减小到29.4mm。而裸地冻层快速达到了33cm，土壤冻结密实度增加，成为控制土壤水分入渗的主要因素，冻层对入渗水流的阻渗作用非常明显，H_{90}仅为23.8mm。在表层土壤负积温的作用下，冻层稳定向下发展，到1月下旬，秸秆覆盖地冻层厚度达到了20cm，成为控制入渗能力的主导因素，入渗水流控制界面在土壤表层；而裸地冻层为58cm，但是由于表层土壤的蒸发作用使得土壤含水率降低到13.5%，形成“干土层”，土壤入渗水流的控制界面下降到地表之下的密实冻层处，入渗能力有所增强，稳渗率由1月1日的0增加到0.002 $cm \cdot min^{-1}$。

进入3月，随着气温的回升，地表“干土层”的厚度和融化层的厚度逐渐增加，土壤的储水能力增强，入渗能力逐渐增大。裸地由于风干和太阳蒸发等作用，含水率减小较快；另外，太阳辐射日益增强，裸露地表土壤吸收太阳辐射能大大增加，地温回升较快，所以入渗能力的增加较快。秸秆覆盖虽然达到了储水保墒的效果，但地温回升较慢。3月初，秸秆覆盖地的入渗能力为裸地的90.1%，土壤彻底消融解冻后为79.0%。

4.1.3　冻融期地表覆盖下土壤入渗特性的变化规律

图4.1是冻融期土壤入渗能力随时间的变化曲线。由图可见，冻融期土壤入渗能力总体上经历由大到小，再由小变大的变化过程。地表覆盖下试验地块的H_{90}随时间的变化过程均很好地符合如下三次多项式关系：

$$H_{90} = At^3 + Bt^2 + Ct + D$$

式中　H_{90}——入渗开始后90min的累积入渗量，mm；

t——以11月1日为计算起点的冻融时间，d；

A、B、C、D——回归系数。

取入渗试验的全部数据进行回归分析，回归系数见表4.4。

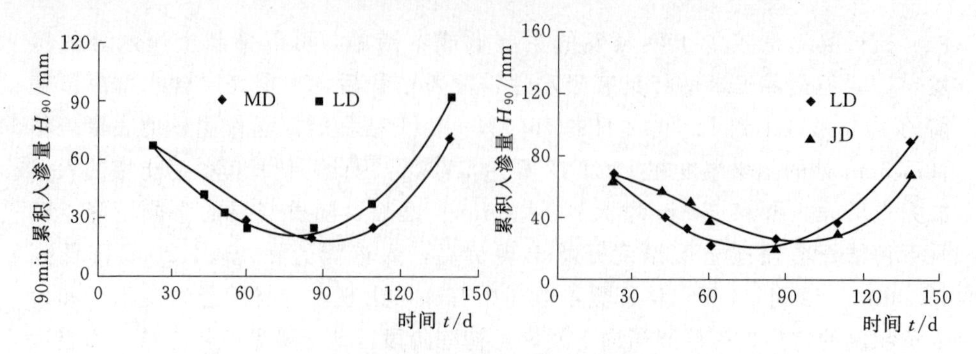

图 4.1　冻融期土壤入渗能力随时间的变化曲线

表 4.4　冻融期土壤入渗能力变化曲线回归系数

地　块	回归系数				相关系数	样本数
	A	B	C	D	R^2	N
LD	−0.00008	−0.0013	−1.3734	96.776	0.938	7
MD	0.00014	−0.0198	−0.062	78.246	0.984	7
JD	0.0002	−0.0242	0.4401	67.496	0.951	7

将上述三次多项式转化为三元线性方程 $Y=Ax_1+Bx_2+Cx_3+D$，在给定回归显著水平 α（通常取 5%）下，查得 $F_{0.05}(p, n-p-1)=F_{0.05}(3, 3)=9.28$，由表 4.5 的方差分析结果可知，$F>9.28$，所以方程回归显著。

表 4.5　回归显著性检验方差分析结果表

地块	离差			自由度			均方离差		F 值
	Q 回归	Q 剩余	QT	p	n−p−1	n−1	S 回归	S 剩余	
LD	3650.18	45.69	3695.87	3	3	6	1216.73	15.23	79.89
MD	2578.79	43.78	2622.57	3	3	6	859.60	14.59	58.90
JD	1553.35	194.29	1747.64	3	3	6	517.78	48.57	10.66

从回归曲线可以明显看出，冻融期地表覆盖和裸露地表土壤入渗能力的变化特征有所差异。冻融期地膜覆盖下土壤出现最小入渗能力的时间滞后裸地约 20d，1月中旬裸地土壤入渗能力达到最小值 20.0mm，2月上旬 MD 达到最小值 17.5mm，JD 土壤最小入渗能力为 23.5mm，出现在 2 月 10 日。地表覆盖减弱了土壤与大气之间的热交换，冻层的形成和发展滞后于裸地，所以入渗能力的最小值出现滞后裸地。入冬以后，随着气温的下降，冻层逐渐形成并向下发展，土壤的入渗能力逐渐减小，土壤在地表覆膜的作用下，入渗能力的总体变化趋势滞后于裸地。比较冻前、融后土壤入渗能力的变化不难看出，经历一个大的冻融循环之后，MD 的土壤入渗能力变化较小，仅增加 8.5%，LD 入渗能力发生了较大的变化，增加 37.3%。这是由于土壤经历多次冻融循环及水分相变作用后，使土壤结构有所改变，孔隙率相对增加，所以入渗能力有所提高[17]。

4.2 不同秸秆覆盖量下土壤水分迁移特征

4.2.1 土壤剖面水分时空变化特征

季节性冻融期土壤水分的动态变化可用土壤剖面含水率时空变化来表征，土壤剖面水分的时空变化特征可通过含水率等值线在空间上的疏密程度和随时间的平缓曲折程度来反映。季节性冻融期不同秸秆覆盖量下土壤剖面含水率时空变化等值线见图4.2。

土壤剖面水分的变化与土壤冻融过程密切相关。地表覆盖改变了土气间的水热交换条件，使土壤自然的冻融过程发生了变化，进而影响土壤含水率的剖面分布和变化特征。由图可见，冻融期LD地块5～20cm土壤含水率等值线较密，JD05和JD10次之，等值线越密反映土壤含水率梯度越大，在空间上变化剧烈。秸秆覆盖厚度不小于15cm时，JD15、JD20和JD30的土壤剖面含水率变化特征基本一致。土壤含水率等值线的平缓、曲折程度反映了冻融期土壤水分的变化的剧烈程度，LD等值线较JD曲折，随着秸秆覆盖厚度增加，剖面等值线趋于平缓；当秸秆覆盖厚度大于10cm时，60cm以下土壤剖面含水率等值线在冻融期变化平缓。

不稳定冻结阶段，LD冻层薄（小于5cm）而且冻结强度低，受液态水分相变影响，下部水分向上迁移而使5～10cm土壤含水率增大约1.0%，但总体上土壤剖面含水率变化较小。稳定冻结阶段，冻层密实且水分相变程度高，在土水势梯度的作用下，LD地块45～60cm处土壤液态水不断向上部迁移，12月中下旬出现含水率低值区（含水率为16.0%）（图4.2）；同时，水分不断向冻层聚集，20～45cm处在1月中旬出现水分聚集区，即“聚墒区”，含水率达21.5%。由于冻融期LD地表裸露，受干旱、土壤蒸发影响，消融解冻期耕作层土壤含水率等值线较密，5cm处含水率降低到11%。对比可知，JD05、JD10与LD不同之处在于聚墒区和含水率低值区出现的时间、深度以及持续时间上的差异，见表4.6。而JD15、JD20和JD30土壤剖面未出现聚墒区，剖面含水率变化平缓。

表4.6　土壤剖面含水率低值区和聚墒区情况

地块	含水率低值区		聚墒区	
	位置	日期/(年-月-日)	位置	日期/(年-月-日)
LD	40～60cm	2005-12-10至2005-12-30	20～45cm	2006-01-15至2006-02-25
JD05	10～20cm	2005-12-10至2005-12-25	15～25cm	2006-01-15至2006-02-20
JD10	5～15cm	2005-12-15至2006-01-05	5～10cm	2006-01-20至2006-02-10

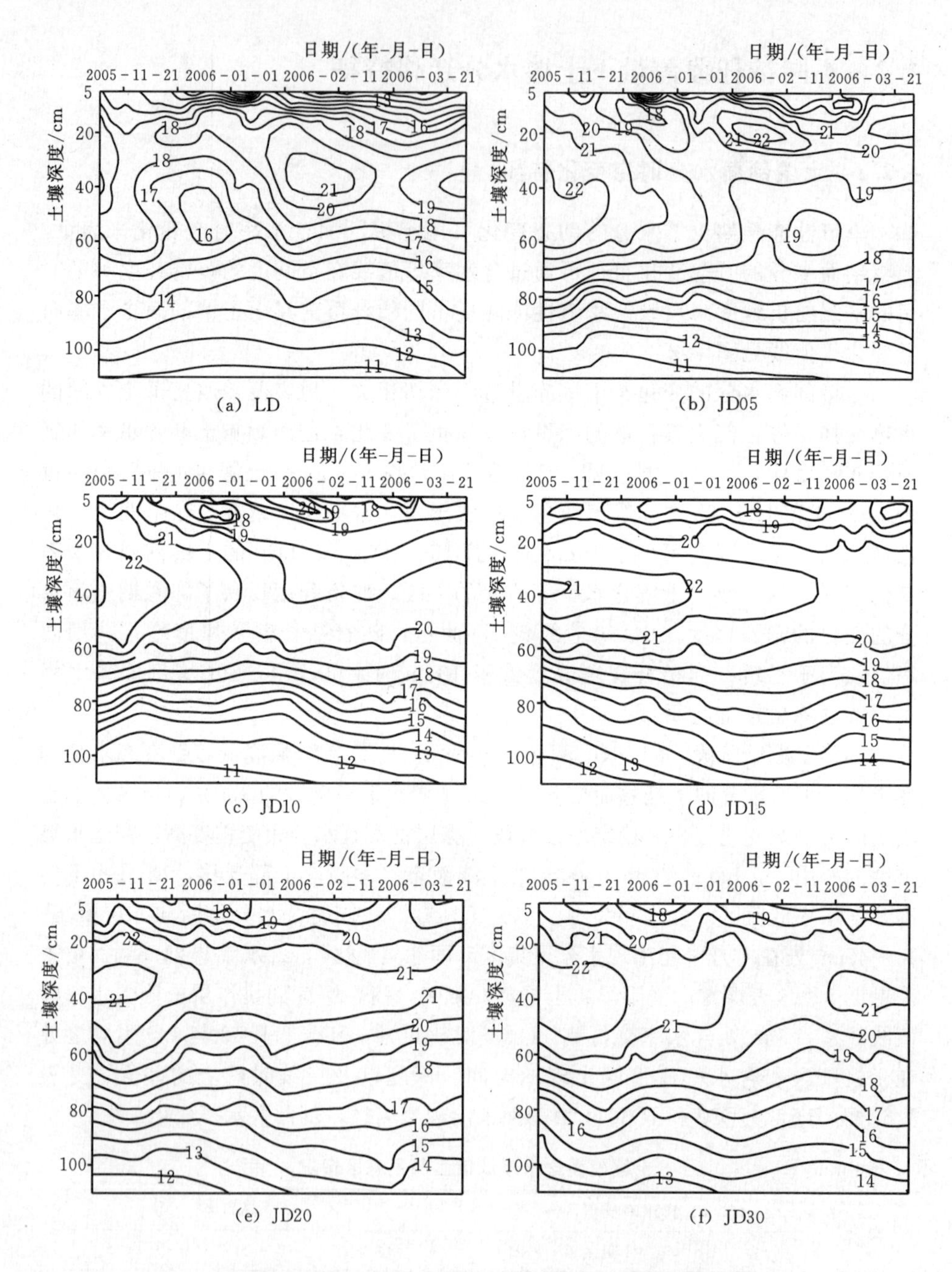

图 4.2　不同秸秆覆盖量下土壤剖面含水率时空变化等值线图（%）

消融解冻期，地表秸秆覆盖的储水保墒效应对耕作层最为显著。由于冻层的融化，JD05 和 JD10 聚墒区逐渐消失，土壤水分在土水势梯度的作用下重新分布。在冻融作用和秸秆覆盖的双重效应下，JD05 耕作层土壤水分较其他地块高，为 18%～21%，且 5～10cm 处出现“返浆区” （最大值 19.5%）；JD10 耕作层土壤土壤含水率为 17%～19%，JD15、JD20 和 JD30 耕作层土壤含水率为 18%～20%。可见，秸秆覆盖厚度为 5cm 时耕作层储水保墒的效果最佳。

4.2.2 土壤剖面水分时空变化的统计学分析

在土壤垂直剖面上，上层土壤受外界环境影响较大，随着深度的增加土壤所受外界环境影响减弱。当地表有覆盖物时，可减弱土壤受外界环境的水热交换。表 4.7 为冻融期土壤剖面含水率变化的统计分析结果。一般来说，随着深度的增加，土层平均含水率的变化幅度减少[18]。由表 4.7 可见，随着土壤深度的增加，K_a 和 C_v 总体上减小，表明土壤水分变化幅度和变异程度减弱。对于某一深度土壤而言，随着秸秆覆盖厚度的增加，K_a 和 C_v 减小，当秸秆覆盖厚度不小于 15cm 时，土壤剖面各层水分的变差系数 C_v 的相差较小 (JD15、JD20 和 JD30 分别为 0.026～0.060、0.031～0.055 和 0.029～0.046)，表明 JD15、JD20 和 JD30 土壤剖面含水率变化区别甚微。

结合土壤剖面含水率时空变化等值线分析结果，可根据 C_v 值将土壤剖面划分为水分活跃层（指冻融期土壤水分变化剧烈，$C_v \geq 0.07$）和水分稳定层（冻融期水分变化平缓，$C_v < 0.07$)。LD 地块 5～40cm 的 C_v 值为 0.083～0.155，耕作层土壤水分受外界环境影响变化剧烈；20～45cm 为聚墒区，该区土壤水分时空变化剧烈；60cm 之下 C_v 均小于 0.07，说明冻融期土壤水分变化受外界环境条件变化的影响。JD05 的水分活跃层为 0～20cm，厚度较 LD 减小约 20cm，5～20cm 的 C_v 值为 0.071～0.103；JD10 的水分活跃层为 0～10cm，该层在冻融期出现聚墒区。总之，水分活跃层受外界气温的影响水分变化剧烈。当秸秆覆盖厚度不小于 15cm 时，剖面各层土壤水分的 C_v 值均小于 0.07，冻融期土壤剖面水分变化平缓，可见，覆盖厚度为 15cm 时即可达到平抑冻融期土壤剖面水分变化的效果。

表 4.7　　土壤剖面含水率变化的统计学分析结果

土壤深度 /cm	LD		JD05		JD10		JD15		JD20		JD30	
	K_a	C_v	K_a	C_v	K_a	C_v	K_a	C_v	K_a	C_v	K_a	C_v
5	1.631	0.155	1.383	0.094	1.346	0.076	1.242	0.058	1.169	0.044	1.138	0.034
10	1.380	0.095	1.448	0.103	1.335	0.083	1.147	0.039	1.201	0.043	1.170	0.038
15	1.465	0.088	1.318	0.073	1.265	0.062	1.177	0.041	1.137	0.035	1.139	0.037
20	1.351	0.083	1.248	0.071	1.229	0.054	1.112	0.029	1.157	0.039	1.118	0.029
40	1.366	0.104	1.239	0.069	1.225	0.053	1.138	0.038	1.126	0.031	1.132	0.039
60	1.293	0.062	1.230	0.061	1.221	0.044	1.106	0.026	1.204	0.056	1.163	0.046

续表

土壤深度/cm	LD		JD05		JD10		JD15		JD20		JD30	
	K_a	C_v	K_a	C_v	K_a	C_v	K_a	C_v	K_a	C_v	K_a	C_v
80	1.240	0.064	1.232	0.052	1.210	0.057	1.200	0.053	1.135	0.039	1.132	0.041
100	1.126	0.028	1.295	0.065	1.245	0.061	1.261	0.060	1.220	0.050	1.138	0.038
110	1.144	0.030	1.262	0.060	1.233	0.062	1.227	0.046	1.206	0.055	1.135	0.035

注　K_a、C_v分别为极值比和变差系数。

4.3　不同潜水位下土壤水分迁移特征

土壤水的分布及运动规律不仅对阐明地下水的形成具有重要意义，而且对于农业节水具有指导意义。存在于土壤剖面中的液态水常可分为吸湿水、薄膜水、毛管水和重力水四种形态。土粒间细小的孔隙可视为毛管，土层中薄膜水达最大值后，多余的水分便由毛管力吸持在土层中细小孔隙中，称为毛管水。天然条件下，地下水在毛管力作用下沿土层中的细小孔隙上升，由此而保持在毛管孔隙中的水分称为上升毛管水，当潜水位埋藏很深时，毛管上升水远远不能到达地表，此时，降雨或灌溉后由毛管力保持在上部土层细小孔隙中的水分称为悬着毛管水。上升毛管水的最大上升高度随着土壤质地、孔隙状况、土粒结构等不同而有较大的差异。土粒直径越小，管内的提水高度就越高。当向上的拉力与管内液体所受的重力相等时，液体则停止上升，达到平衡。

在地表没有蒸发和入渗以及土壤剖面由均质土组成的理想条件下，土壤剖面水分分布稳定。在土壤剖面上部一定深度内，由于均质土持有的毛细水和薄膜水水量稳定，含水量接近常量。随着土壤深度的增加，土层中支持毛细水逐渐增加，含水量逐渐增大，到潜水面附近，支持毛细水占绝对的优势，孔隙网络完全被毛细水占据，含水量达到饱和。在土壤剖面中，粗颗粒土层的持水量较小，含水量较低；细颗粒的土层持水量较大，含水量较高。

季节性冻融期土壤水分的冻结、融化作用是一个十分复杂的过程，它伴随着许多物理、化学、物理化学、力学的现象和过程。其中最主要的是三种现象：一是水分的迁移；二是热量的传输；三是水分的相变。非饱和土壤水分在冻结过程中发生迁移而重新分布，是冻结和融化作用中的一个核心问题。从分子热力学观点来看，液态水分子始终在做无序的布朗运动，其动能的大小与温度有关，温度越低动能越小。土壤中的水分子由于受到固体矿物颗粒表面能的作用，无序的布朗运动将受到束缚，受束缚的程度与距固体颗粒表面的距离有关，距固体颗粒表越近则分子的动能越小。水分子要脱离颗粒表面能的作用，需要较多的能量，当土温低于重力水的冻结温度后，土壤中水分便由液态向固

态相变，冻结顺序依次为重力水、毛管水、薄膜水和部分吸湿水（部分吸湿水及结晶水和化合水始终不冻结，即未冻水），随着冻结温度逐渐降低，土水势绝对值的增大，便发生了水分的迁移再分布。

在某一位置处水分发生原位冻结即出现冻结缘，从未冻区迁移来的水分多集中在此时的相变界面处。土壤水分的集聚，便会形成分凝冰层，使得导热系数迅速增大，在地表负温的作用下形成新的冻结缘。如此形成间歇式的分凝冰层，使得冻结部分含水量急剧增加，并在冻结锋面附近形成一个水分聚集区。

在不同潜水位下，土壤水分的迁移过程及迁移规律强烈地受到土壤质地、潜水位埋深及地温的影响。水分在土壤剖面迁移和再分布的复杂过程中，伴随着热量的复杂迁移转化过程。根据土壤水分变化特点，对砂壤土和壤砂土土壤剖面含水量进行了连续 3 个冻融期的跟踪监测，监测的最大潜水位埋深为 2.0m。

4.3.1 土壤水分时空分布特征

图 4.3 为 2004—2005 年冻融期不同潜水位埋深下的土壤含水率等值线，可见，冻融期不同潜水位埋深下土壤剖面含水率总体上经历了增大—稳定—减

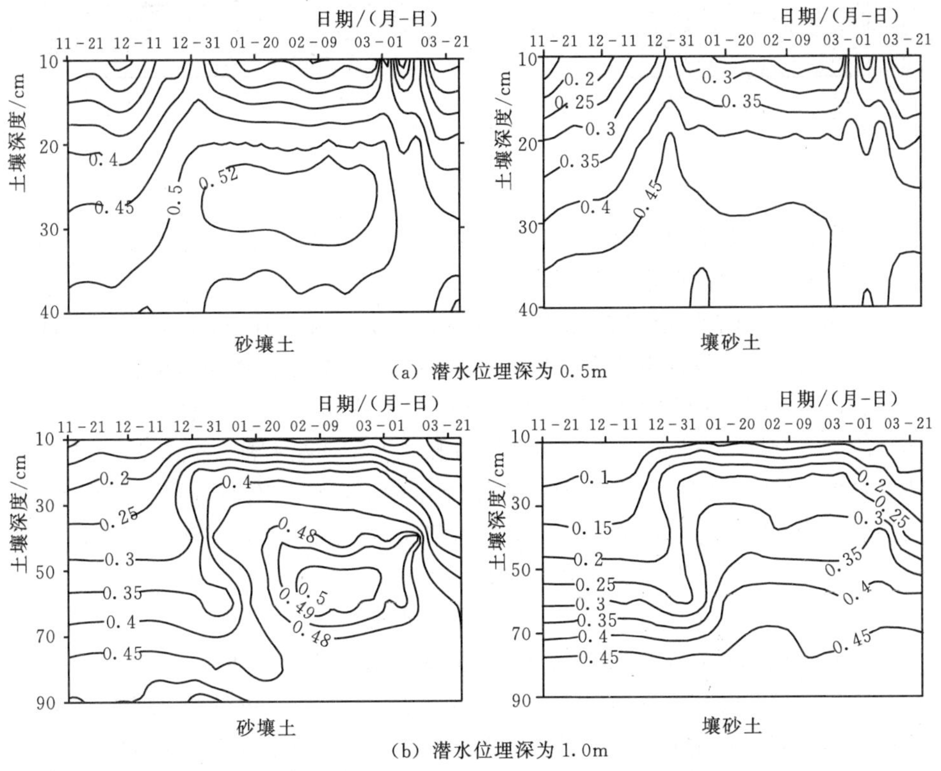

图 4.3（一） 2004—2005 年冻融期不同潜水位埋深下土壤剖面含水率等值线图

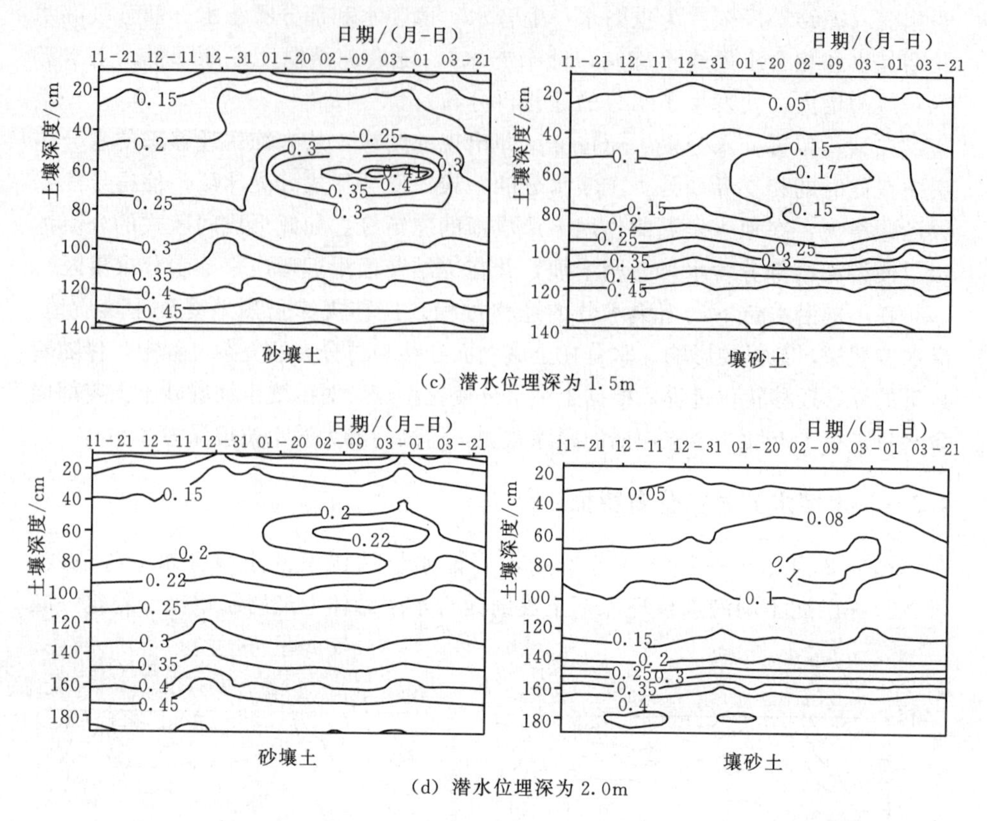

(c) 潜水位埋深为1.5m

(d) 潜水位埋深为2.0m

图4.3（二）　2004—2005年冻融期不同潜水位埋深下土壤剖面含水率等值线图

小的变化过程。随着潜水位埋深增加，水分运动路径变长，冻融期剖面土壤含水率开始增大的时间随潜水位埋深的增加表现为滞后。

入冬以后，随着气温的逐渐降低和地表负积温的增加，冻层逐渐形成并向下发展，冻结处土壤液态水含量减少，从而土水势减小。在土水势梯度的作用下，水分向冻结锋面发生迁移，所以剖面含水率增加，并有水分聚集区（即“聚墒区”）形成。进入2月份，太阳辐射增强，气温有所回升，地表累积负温增加幅度减缓，冻层向下发展速度缓慢并趋于稳定，剖面含水率稳定不变。3月初，冻层由地表向下和由深处向上的双向融化深度逐步增大，冻层消失时聚墒区也随之消失，非饱和带融水回补地下水，0～10cm土壤水向外界蒸发散失，含水率降低，但总体上高于冻结前的含水率。

由图4.3（a）可见，随着土层的逐渐冻结并向下发展，潜水位埋深为0.5m时，土壤剖面含水率在11月底开始增加，10～35cm深度内土壤含水率增大10%左右，1月初至2月底，整个土壤土壤剖面含水率显著增大，砂壤土剖面水分主要在25～35cm深度处聚集，含水率高达52%；而壤砂土含水率增大后至2月底稳定不变，水分主要在20～30cm处聚集，含水率为45%。

潜水位埋深为1.0m时，冻融期剖面含水率增加幅度最大。砂壤土和壤砂土10～30cm内土壤含水率在12月中旬增加，1月初至2月底稳定不变。随着冻层逐渐向下发展，砂壤土50cm处的含水率在12月底开始增加，由31%增加到1月底的51%，40～70cm是土壤剖面水分的主要聚集区；壤砂土含水率增大后至2月底稳定不变，水分主要在30～70cm聚集，含水率为30%～45%。

潜水位埋深为1.5m时，砂壤土剖面水分主要在50～70cm处聚集，1月中旬水分在该层位逐渐聚集，60cm处含水率在1月16日增加到38%，2月底增至43%。试验期研究区自然土壤最大冻结深度为60cm，蒸渗60cm深度以下土壤水分在整个冻融期未发生相变，但受上部冻层影响，60～70cm段含水率在水分聚集后增高约11%～20%，80cm深度以下含水率变化较小，等值线平缓。壤砂土土壤剖面含水率与砂壤土表现出相似的变化规律，但由于壤砂土孔隙直径较砂壤土大，毛细作用力弱，毛细上升高度小，所以聚墒区土壤含水率最高仅17%。

潜水位埋深为2.0m时，土壤剖面水分聚集位置与1.5m埋深基本相同，但聚墒区土壤含水率显著减小，砂壤土最大为24%，壤砂土最大为11%。

4.3.2 土壤水分时空变异特征

根据数理统计学知识，冻融期土壤剖面水分的时空变异特征可采用极值比K_a和变差系数C_v值来表示。

在土壤垂直剖面上，上层水分受外界环境影响较大，随着深度的增加所受外界环境影响减弱。表4.8为冻融期土壤剖面水分变化的统计学分析结果。

可见，无论何种潜水位埋深和岩性，随着剖面深度的增加，K_a和C_v总体上减小，在潜水面附近K_a和C_v值最小，表明土壤水分变幅和变异程度减弱。

结合土壤剖面含水率时空变化等值线分析结果，参考已有相关研究成果[19]，可根据C_v值将土壤剖面划分为水分活跃层（指冻融期土壤水分变化剧烈，$C_v \geq 0.1$）和水分稳定层（冻融期水分变化平缓，$C_v < 0.1$）。当潜水位埋深为0.5m时，砂壤土0～20cm的C_v为0.120～0.302，壤砂土0～20cm的C_v为0.117～0.339，可见0～20cm属于水分变化活跃层。由于潜水面附近土壤接近饱和状态，在冻融期水分变幅较小，属于水分稳定层。当潜水位埋深为1.0～2.0m时，潜水面距冻层距离较长，水分活跃层主要为土壤冻结和融化层及其附近，不同深度的水分变化统计分析表明：当潜水位埋深大于1.0m时，水分变化活跃层均为0～60cm。80cm深度以下含水率变化的变差系数C_v为0.015～0.091，可见冻融期80cm之下土壤水分变化平缓。

表4.8　2004—2005年冻融期土壤剖面含水率变化的统计学分析结果

潜水位埋深	测点埋深/cm	砂壤土				壤砂土			
		均值	标准差	极值比	离差系数	均值	标准差	极值比	离差系数
0.5m	10	0.276	0.083	2.687	0.302	0.235	0.080	3.296	0.339
	20	0.458	0.055	1.403	0.120	0.389	0.046	1.417	0.117
	40	0.498	0.015	1.118	0.030	0.463	0.018	1.120	0.038
1.0m	10	0.131	0.032	2.463	0.242	0.068	0.027	4.444	0.393
	20	0.290	0.078	2.188	0.269	0.183	0.067	3.181	0.369
	40	0.398	0.101	1.833	0.254	0.265	0.077	2.525	0.290
	60	0.433	0.066	1.418	0.153	0.359	0.072	1.801	0.200
	80	0.460	0.011	1.090	0.023	0.469	0.009	1.071	0.020
	90	0.478	0.009	1.076	0.018	0.477	0.007	1.039	0.015
1.5m	10	0.084	0.026	2.585	0.311	0.017	0.007	3.000	0.417
	20	0.172	0.028	1.792	0.165	0.053	0.010	1.944	0.191
	40	0.210	0.022	1.332	0.105	0.097	0.012	1.585	0.121
	60	0.312	0.091	1.940	0.290	0.173	0.066	2.407	0.383
	80	0.270	0.016	1.238	0.060	0.150	0.010	1.185	0.067
	100	0.316	0.019	1.151	0.060	0.267	0.016	1.151	0.060
	120	0.405	0.024	1.062	0.059	0.461	0.012	1.081	0.026
	140	0.511	0.027	1.048	0.052	0.442	0.010	1.092	0.023
2m	10	0.032	0.013	3.737	0.389	0.018	0.006	3.167	0.356
	20	0.115	0.027	1.900	0.231	0.044	0.009	2.063	0.215
	40	0.165	0.022	1.971	0.134	0.073	0.008	1.369	0.110
	60	0.195	0.031	1.800	0.158	0.087	0.009	1.535	0.104
	80	0.196	0.016	1.591	0.084	0.102	0.009	1.196	0.088
	100	0.230	0.021	1.488	0.091	0.107	0.009	1.212	0.084
	120	0.268	0.023	1.288	0.084	0.143	0.012	1.203	0.084
	140	0.318	0.022	1.098	0.069	0.190	0.014	1.345	0.076
	160	0.402	0.016	1.065	0.040	0.372	0.014	1.075	0.036
	180	0.494	0.022	1.044	0.045	0.446	0.011	1.086	0.025
	190	0.501	0.013	1.043	0.025	0.435	0.010	1.058	0.024

4.3.3　不同冻融阶段土壤剖面水分变化特征

地下水浅埋区，在毛细作用下土壤水分与地下水联系紧密，这就使得冻融

期剖面水分变化与一般的土壤剖面水分变化不同。图 4.4 为冻融期不稳定冻结

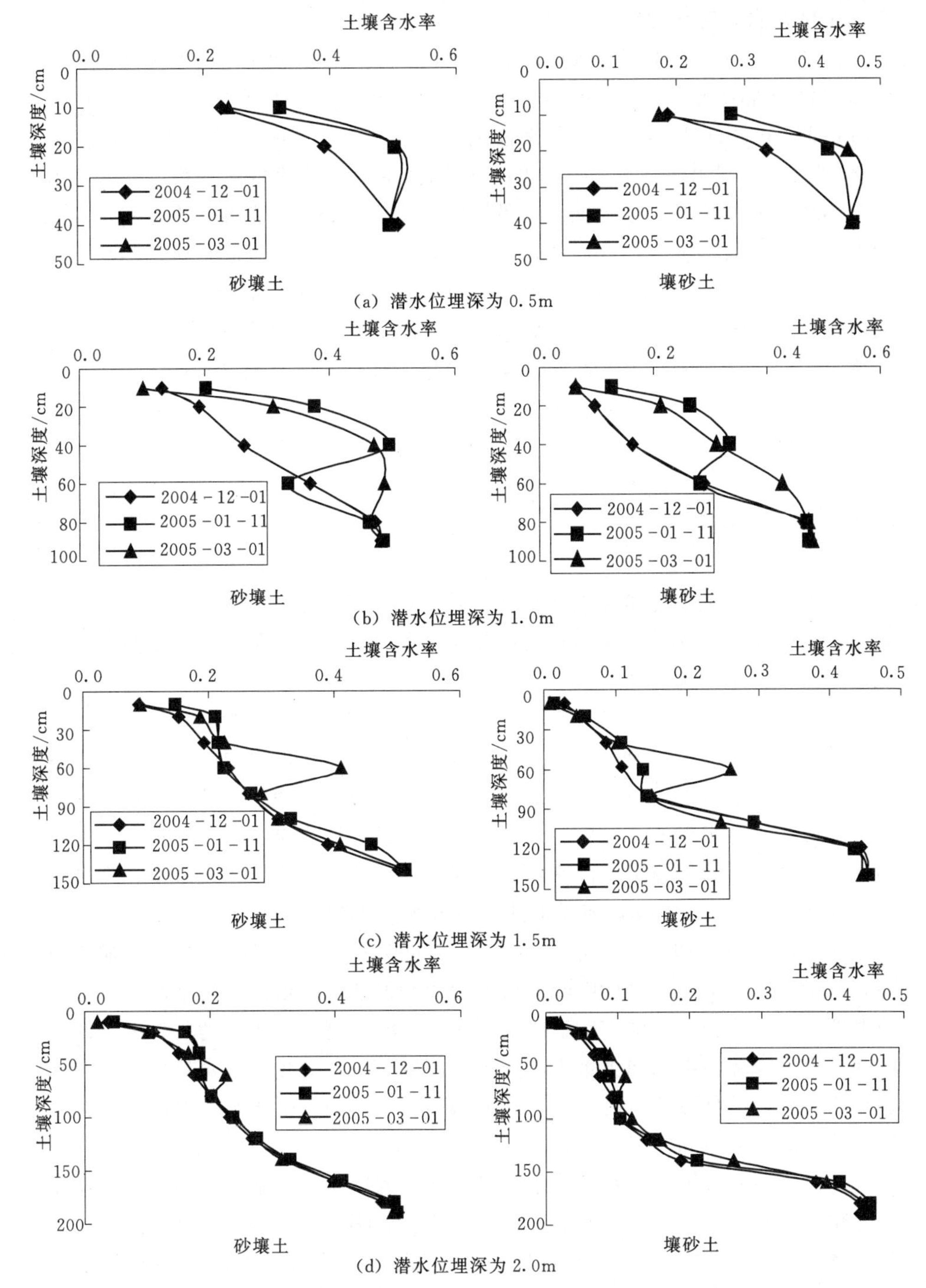

(a) 潜水位埋深为 0.5m

(b) 潜水位埋深为 1.0m

(c) 潜水位埋深为 1.5m

(d) 潜水位埋深为 2.0m

图 4.4　2004—2005 年冻融期不同冻融阶段土壤剖面含水率对比

阶段（12月1日）、稳定冻结阶段（1月11日）和消融解冻阶段（3月1日）剖面土壤含水率对比曲线。

由图4.4可见，不同潜水位埋深下不同冻融阶段剖面土壤含水率变化较为明显，由于冻融期潜水位保持不变，未冻结区土壤含水率在冻融期变化较小。0.5m埋深下水分在20cm处变化较大，40cm水分变化较小；其他埋深下，60cm之上水分变化较大。稳定冻结阶段和消融解冻阶段剖面土壤含水率明显高于不稳定冻结阶段。稳定冻结阶段，由于冻层不断向下发展，水分在冻结锋面处聚集，剖面出现含水率峰值，1.0m埋深下含水率峰值最明显。消融解冻阶段，1.5m和2.0m埋深下在60cm处有水分峰值，这是由于土壤水分由融化区向融化锋面迁移造成该处水分聚集，是土壤消融过程中特有的现象，伴随着土壤自下而上的消融，土壤剖面集聚的水分一直向下回补地下水持续到冻层完全消融解冻。总之，冻融期不同冻融阶段剖面含水率变化受冻层的发展及冻层层位的控制。

4.4　本章小结

对季节性冻融期地膜覆盖和秸秆覆盖下的土壤水分入渗特性进行了分析，通过大量的试验资料研究了不同秸秆覆盖量和不同潜水位下的土壤水热时空变化规律，本章小结如下：

（1）不同冻结阶段覆膜对土壤入渗特性的影响不同。冻结初期和中期，覆膜地的H_{90}高于裸地，而稳渗率低于裸地；冻结末期裸地表层的土壤含水率的降低使得其H_{90}高于覆膜地，但稳渗率却低于覆膜地。消融初期，土壤的入渗特性类似于冻结末期；消融中后期，覆膜地受其表层土壤含水率的控制，入渗能力低于裸地，但其稳定入渗率仍高于裸地。地膜覆盖土壤出现最小入渗能力的时间滞后于裸地约20d，覆膜地的土壤最小入渗能力比裸地约低12.5%。

（2）地表覆盖秸秆后，减弱了土壤与外界的大气交换，土壤温度显著升高，入渗能力先增大，之后随着冻层的形成和发展，入渗能力逐渐减弱。到了消融期，秸秆覆盖下土壤消融解冻过程表现出滞后现象，土壤的入渗能力缓慢增强。整个季节性冻融期土壤入渗能力随冻融历时的变化过程很好地符合三次多项式关系，秸秆覆盖地的最小入渗能力为23.5mm，比裸地高27.0%，最小入渗能力的出现时间约滞后裸地18d。

（3）不同秸秆覆盖量对土壤水分时空变化的影响。冻融期裸地土壤剖面水分变化较为剧烈，0～40cm属于水分变化活跃层，20～45cm出现聚墒区。JD05的水分活跃层为0～20cm，15～25cm出现聚墒区；JD10的水分活跃层为0～10cm，该层在冻融期出现聚墒区。当秸秆覆盖厚度达15cm时，可平抑冻融期土壤剖面水分的变化；JD15、JD20 和 JD30 土壤剖面均未出现聚墒区，剖面各层土壤水分在冻融期变化平缓。在土壤冻融作用和秸秆覆盖的双重效应下，秸秆覆盖厚度为 5cm 时的储水保墒效果最佳。JD05 耕作层土壤水分较其他地块高，为 18%～21%，且 5～10cm 处出现“返浆区”。

（4）冻融期不同潜水位埋深下土壤剖面含水率总体上经历了增大—稳定—减小的变化过程。冻融期土壤剖面含水率出现增大的时间随潜水位埋深的增加而滞后。无论何种潜水位埋深和岩性，随着剖面深度的增加，土壤水分变幅和变异程度减弱。潜水位埋深为 0.5m 时，土壤剖面水分活跃层为 0～20cm；当潜水位埋深大于 1.0m 时，土壤剖面水分变化活跃层均为 0～60cm。不同潜水位埋深下不同冻融阶段土壤剖面含水率变化较为明显，冻融期不同冻融阶段土壤剖面含水率变化受冻层的发展及冻层的层位的控制。

参 考 文 献

[1] Stoeckeler J H and Weitzmen S. Infiltration rates in frozen soil in Northern Minnesota [J]. Soil Sci. Soc. Am. J., 1960, 24 (2): 137-139.

[2] Bloomsburg G L and Wang S J. Effect of moisture content on permeability of frozen soil [C]. Proc., 16th Ann. Mtg., Pacific Northwest Region, American Geophysical Union, Washington, D.C., 1969.

[3] Kane D L and Stein J. Water movement into seasonally frozen soils [J]. Water Resource. Res., 1983, 19 (6): 1547-1557.

[4] Zuzel J F and Pikul J L. Infiltration into a seasonally frozen agriculture soil [J]. Soil Water Conservation, 1987, 42, 447-450.

[5] Pikul J L, Zuzel J F and Wilkins D E. Infiltration into frozen soil as affected by ripping [J]. Trans. ASAE., 1992, 35 (1): 83-90.

[6] Tao Y X and Gray D M. Prediction of snowmelt infiltration into frozen soils [J] Num. Heat Trans., Part A, 1994, 26 (6): 643-665.

[7] Zhao Litong and Gray D M. Estimating snowmelt infiltration into frozen soils [J]. Hydrological Processes, 1999, 15 (12): 1827-1842.

[8] Murray C D and Buttle J M. Infiltration and soil water mixing on forested and harvested slopes during spring snowmelt, Turkey Lakes Watershed, central Ontario [J]. Journal of Hydrology, 2005, 306: 1-20

[9] Hayashi M, van der Kamp G and Schmidt R. Focused infiltration of snowmelt water in partially frozen soil under small depressions [J]. Journal of Hydrology, 2003, 270: 214-229.

[10] 郑秀清，樊贵盛．土壤含水率对季节性冻土入渗特性影响的试验研究［J］．农业工程学报，2000，16（6）：52-55.

[11] 樊贵盛，郑秀清，潘光在．地下水埋深对冻融土壤入渗特性影响的试验研究［J］．

水利学报，1999，3，21－26.

[12] 邢述彦．灌溉水温对冻融土壤入渗规律的影响［J］．农业工程学报，2002，18（2）：41－44.

[13] 樊贵盛，贾宏骥，李海燕．影响冻融土壤水分入渗特性主要因素的试验研究［J］．农业工程学报，1999，15（4）：88－94.

[14] Zheng Xiuqing，Van liew M W and Flerchinger G N. Experimental study of infiltration into a bean stubble field during seasonal freeze－thaw period［J］. Soil science，2001，166（1）：3－10.

[15] Li S X，Wang Z H，Li S Q，et al. Effect of plastic sheet mulch，wheat straw mulch，and maize growth on water loss by evaporation in dryland areas ofChina［J］. Agricultural Water Management，2013，116：39－49.

[16] 陈素英，张喜英，裴冬，等．玉米秸秆覆盖对麦田土壤温度和土壤蒸发的影响［J］. 农业工程学报，2005，21（10）：171-173.

[17] Zheng Xiuqing and Flerchinger G N. Infiltration into freezing and thawing soils under differing field treatments［J］. Journal of Irrigation and Drainage Engineering，2001，127（3）：176－182.

[18] 何其华，何永华，包维楷．干旱半干旱区山地土壤水分动态变化［J］．山地学报，2003，21（2）：149－156.

[19] 李瑞平，史海滨，赤江刚夫，等．干旱寒冷地区冻融期土壤水分和盐分的时空变异分析［J］．灌溉排水学报，2012，31(1)：86－90.

第5章　不同气温降幅冻结作用下土壤剖面水热迁移

季节性冻融期大气温度在不断的无规律波动变化，无法分析气温变化对土壤水热迁移的影响，本章通过室内试验控制气温变化，研究了不同气温降幅冻结作用潜水浅埋条件下土壤剖面水热迁移的影响。

5.1　不同冻结气温降幅下土壤剖面温度变化规律

众所周知，水的比热较大，如果土壤含水率较低，那么土壤温度易升高也易降低。但对于冻土来说，土壤温度的变化是个复杂的过程。对于某种给定的土，其冻结和融化温度取决于土中含水量的大小，含水率越高，越易冻结[1]。对于不同类型土而言，一般土壤颗粒越粗其含水率较小，冻结温度越低。

5.1.1　气温降幅对土壤温度的影响

冻结气温与地表土壤温度的变化曲线见图5.1。

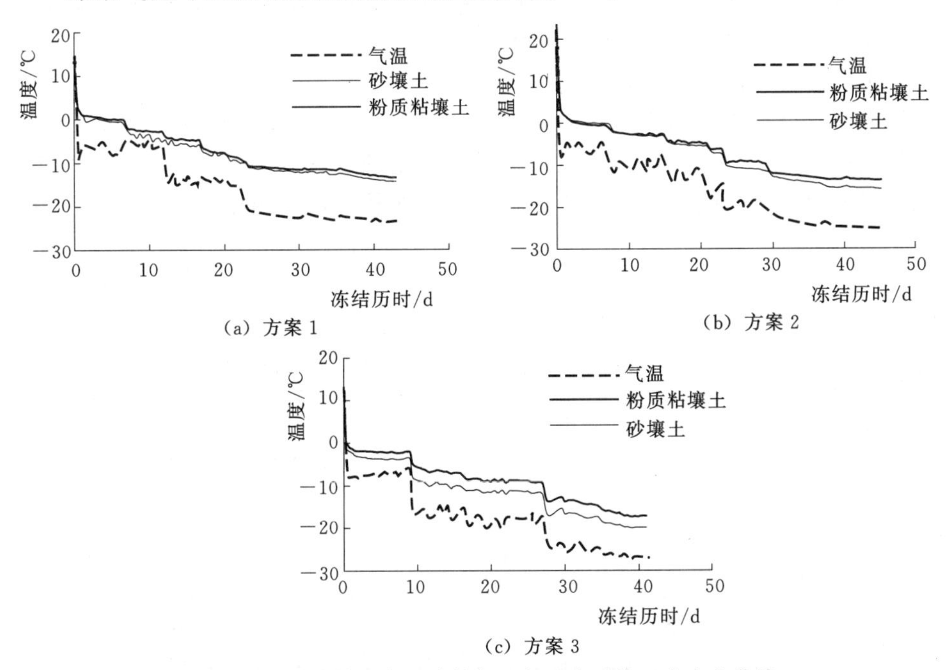

图5.1　不同冻结方案下冻结气温与地表土壤温度变化曲线

由于土壤冻结过程中不断的释放潜热，所以冻结气温呈波动式下降，较冰柜空载调试的温度低。小幅降温冻结时，土壤冻结缓慢，潜热释放对冷冻气温的影响较小，试验结束时冷冻气温达到调试的−23.0℃；中幅降温和大幅降温冻结时，试验结束时气温分别较调试的低5.0℃和5.3℃。可见，气温降幅越大，潜热释放对气温的影响越显著。

由于土壤导热系数远小于空气的导热系数，所以地表土壤温度变幅小于空气的温度变幅。冻结前，在土壤毛细作用下，剖面土壤水分稳定后粉质粘壤土和砂壤土地表土壤含水率分别为15.6%和17.5%，由于砂壤土的干容重和土壤含水率均较大，根据徐学祖等[2]试验研究可知，砂壤土的导热系数大于粉质粘壤土。在冻结气温作用下，砂壤土冻结速率较快，其地表温度低于粉质粘壤土。随着气温降幅的增加，粉质粘壤土与砂壤土的地表温差随着冻结历时在不断增大。小幅降温冻结下，试验结束时砂壤土地表温度较粉质粘壤土低0.88℃，中幅降温和大幅降温冻结下砂壤土地表温度较粉质粘壤土分别低2.06℃和2.81℃。可见，气温降幅越大，粉质粘壤土与砂壤土的地表温差越大。

5.1.2　土壤质地对土壤温度的影响

土壤颗粒大小、干容重、含水率均影响土的导热系数，砂壤土和粉质粘壤土干容重基本相近，但土粒大小和含水率不同。在潜水位埋深为87.5cm条件下，砂壤土和粉质粘壤土剖面含水率相差较小，所以颗粒粗细成为决定土壤剖面导热系数的主要因素，砂壤土颗粒直径相对较大，其总孔隙度较粉质粘壤土小，所以砂壤土导热系数较粉质粘壤土的大。因此，无论在何种气温降幅方案冻结下，砂壤土剖面温度降速较快。

图5.2为小幅降温冻结下土壤剖面温度等值线，可见，砂壤土剖面垂向土壤梯度较大，表明温度场的变化较粉质粘壤土的变化剧烈；10～20cm深度处土壤温度等值线较陡，土壤温度在垂向上变化较小，表明该层水分相变为冰，

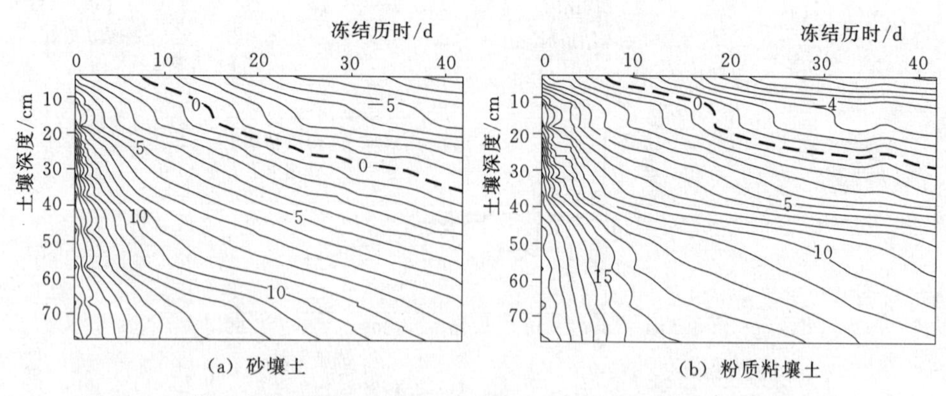

(a) 砂壤土　　(b) 粉质粘壤土

图5.2　砂壤土和粉质粘壤土剖面温度等值线（小幅降温冻结方案，单位:℃）

是坚硬密实的冻层分布位置。

图5.3为不同冻结方案下12cm和37cm深度处的土壤温度变化曲线。由图5.3可见，砂壤土温度低于粉质粘壤土温度，在小幅降温冻结条件下，试验结束时粉质粘壤土12cm和37cm的土壤温度较砂壤土温度分别高1.69℃和1.94℃；在中幅降温冻结条件下，粉质粘壤土较砂壤土温度分别高0.38和0.94℃；在大幅降温冻结条件下，粉质粘壤土较砂壤土温度分别高0.69和0.72℃。可见，无论何种冻结方案，由于土壤剖面热传导特性的差异，粉质粘壤土与砂壤土的温差随着土壤深度的增加而增大。

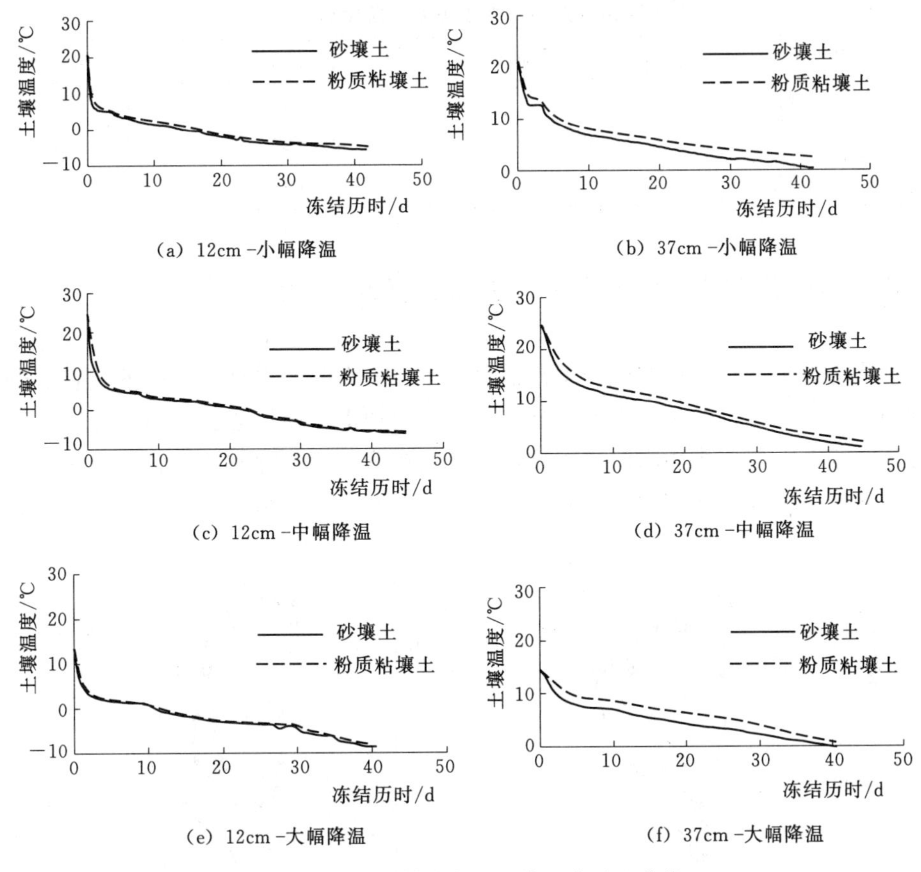

图5.3 3种冻结方案下土壤温度对比曲线

5.1.3 土壤剖面温度变化阶段的划分

根据土壤剖面温度变化特征，土壤冻结过程中土壤剖面温度变化可划分为3个阶段，即快速降温阶段（剖面土壤温度日降幅大于3℃），慢速降温阶段（剖面土壤温度日降幅为0.5～3℃）和稳定降温阶段（剖面土壤温度日降幅小于0.5℃)。不同深度土壤温度变化趋势基本一致，在快速降温阶段，曲线斜率近乎垂直，土壤温度在冷冻气温作用下快速下降。在不同潜水位下，随着土壤深度的增加，土壤含水率增加，所以土壤热容量的增大，从而土壤温度变幅减小，12cm处土壤温度在冻结3d降速趋缓，进入慢速降温阶段。37cm处水分未发生相变，在温度梯度作用下，土壤温度一直在不断降低，呈现稳定降温特征，土壤降温持续时间较12cm处长。在大幅降温冻结条件下，剖面土壤温度在第37d达到稳定降温阶段；而小幅降温冻结条件下，剖面土壤温度在第31d呈现稳定降温特征，3种冻结方案下土壤剖面温变阶段划分见表5.1。

表5.1　3种冻结方案下剖面土壤温变阶段划分结果

冻结方案	快速降温阶段	慢速降温阶段	稳定降温阶段
小幅降温	第1～2d	第3～30d	第31d后
中幅降温		第3～32d	第33d后
大幅降温		第3～36d	第37d后

5.2 不同冻结气温降幅下土壤水分迁移规律

当补充地下水后模拟池土壤剖面水分重新分布后，在毛细作用下，砂壤土剖面含水率大于粉质粘壤土剖面含水率。室内地下水模拟池土壤剖面初始温度与室温相近，按照小幅降温、中幅降温和大幅降温等3种冻结气温方案进行室内单向冻结试验，冻结始末不同深度土壤含水率变化见图5.4。

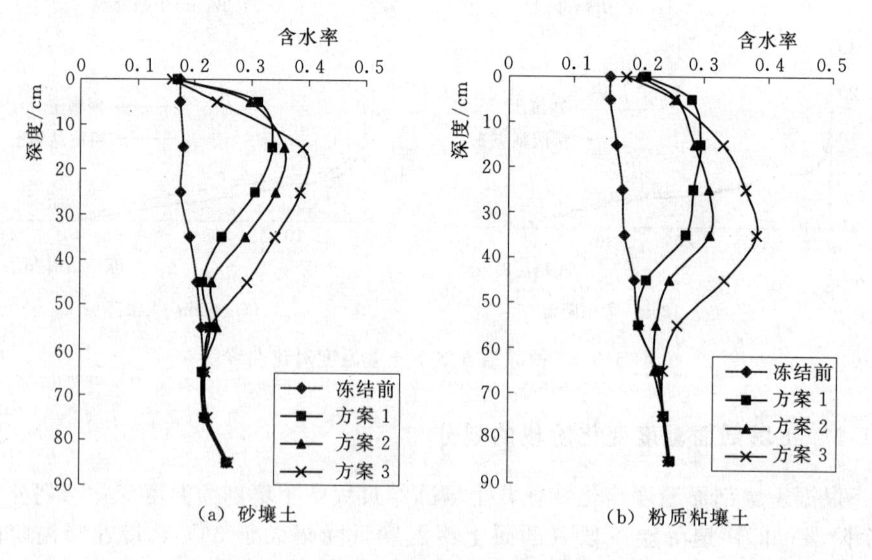

图5.4　土壤单向冻结始末含水率变化对比

由图5.4可以看出，在冻结试验结束时，不同土壤质地、不同气温降幅冻结方案下土壤剖面含水率的变化特征不同。随着土壤深度的增加，温度变化逐渐变缓，土壤剖面温度梯度减小，土壤含水率逐渐与初始相近。

随着冻结气温持续下降，冻结锋面不断向下移动，冻结深度约30cm。冻结锋面以下含水量较冻结前略有增加，主要由于地下水的补给使水分不断向上迁移，在接近潜水面附近，冻结前后土壤水分处于饱和状态，冻结前后含水率变化较小。

5.2.1 气温降幅对水分迁移的影响

对于同一种土壤，温度不仅改变土壤的饱和导水率，也会改变土壤干湿处的界面吸力，土壤的饱和导水率是温度的函数。随着温度的增加，导水率逐渐增大。粉质粘壤土的界面吸力对温度依赖程度略大于砂壤土对温度的依赖程度。土壤持水力受温度升高而减弱，土壤温度升高则水分含量逐渐减少，所以土壤含水量与温度的变化趋势相反。在温度梯度的作用下，土壤水分会由潜水面附近逐渐向上迁移，但土壤剖面温度向上逐渐降低，水力传导系数减小，土壤持水性增大，此外土壤温度梯度依然与液态水梯度同向（均指向上），因此液态水分由潜水面附近向上迁移，导致剖面土壤含水量增加。

土壤温度是影响水分迁移的主导因素，气温降低导致土壤温度降低，当温度降低到土壤冻结温度时，部分液态水相变成冰，土水势降低，由此产生的土水势梯度使水分由高土水势（未冻带）向低土水势（冻结带）迁移。土壤在冻结过程中水分向冻结界面迁移的现象十分明显，土壤温度越低，冻结速度越快，原位冻结的越快，向冷端迁移水量减少。在方案3快速冻结下，表层0～10cm冻结较快，土壤水分原位冻结，孔隙较快地被冻结的水分充填，水分可以运动的有效孔隙度降低，所以水分向地表冷端迁移水量较少，而在方案1慢速冻结下，土壤由地表向下缓慢冻结，水分原位冻结较慢，水分源源不断地向冻结处运移，所以下部水分向地表冷端迁移水量较多。当外界模拟气温开始冻结后（−5℃），第5～6d砂壤土表层温度为−0.62～−0.5℃，表层1cm土壤冻结，而粉质粘壤土表层温度为−0.25～0℃，土壤尚未冻结，在第7d实施降温后，如果冻结气温降幅较大（Δ7℃），0～10cm的土壤迅速冻结，下部土壤水分向上迁移量较小。由图5.4可以看出，在方案1冻结下0～10cm土壤含水率最大，方案3冻结下0～10cm土壤含水率反而最小。可见，在方案1慢速冻结下，0～10cm土壤水分较方案2和方案3高，砂壤土高1.5%～7.3%，粉质粘壤土高2.3%～2.7%。

含水率的垂向分布及变化也反映了由于土壤温度梯度的变化所引起的土壤水分运动。对于初始剖面水分分布相同的土壤剖面，土壤冻结时剖面土壤含水水分发生了明显的重新分布，暖端的土壤水分向冷端迁移，含水量增大，在不同剖面温度梯度作用下试验结束时含水率的分布是不同的。在小幅降温慢速冻结下，土壤由地表向下缓慢冻结，水分原位冻结较慢，水分源源不断地向冻结处迁移，所以向地表冷端迁移水量较多，土壤剖面水分主要在10～20cm聚集。在大幅降温冻结下，土壤剖面含水率变化较大，砂壤土水分聚集在20～30cm，粉质粘壤土水分主要聚集在20～40cm，聚墒区的含水率较小幅降温冻结高5.3%～8.7%；尽管表层土壤冻结较快，但在较大的土壤温度梯度作用下，剖面水分迁移较快，潜水流入土壤剖面的水量较大，因此土壤剖面含水率总体上较高。

5.2.2　土壤质地对水分迁移的影响

在自然状态下且潜水位埋藏深度较大时，土壤剖面含水率的垂向变化随土壤质地不同也有差异。一般情况下，土壤保水性好，毛管作用强、粘性较大的土壤含水率垂向变化值小。而保水性差，毛管作用弱、粘性较小的土壤含水率垂向变化相对较大。砂壤土和粉质粘壤土相比较而言，砂壤土孔隙直径相对较大，毛细管作用弱，保水性差，所以在垂向上砂壤土含水率变幅较粉质粘壤土大。一般地，对砂壤土进行冻结时，中部水分迅速向上迁移，而下部水分因重力作用对水分迁移的影响大于水力梯度的影响，下部水分难以及时地补给中部水分的损失量，便在砂壤土土壤局部出现一定区域的含水率低值区（脱水区）。在冻结锋面向下迁移过程中，有一部分下部水分迁移到该区，但其含水率仍低于冻前的初始含水率。

但在地下水浅埋区，由于毛细作用及地下水的补给，剖面土壤含水率不会出现低值区。在地下水浅埋区，土壤在未冻结之前含水率的变化主要是由于土壤水分的毛细作用，在充足的潜水位供给条件下，地下水通过土壤的毛细作用不断地将水分输送至土壤剖面中。在负温进行单向速冻时，表层土壤冻结使土壤表层产生较大水力梯度，上部的水量小于下部的水量，水分沿毛细管向上迁移速度加快，在冻结锋面处形成冰晶；由于在地下水浅埋区出现土壤冻结加强了土水势梯度，导致下部水分向冻结锋面移动。土壤冻结过程中剖面土壤水分主要与毛细作用强度和水力传导系数的大小有关，土壤质地决定了水分的迁移速度。

由图5.4可见，在不同冻结方案下，剖面土壤含水率峰值出现的深度有一定的区别，冻结气温降幅越大含水率峰值出现的深度越深；在相同的冻结气温条件下，砂壤土的冻结速率较粉质粘壤土快，而且水分在砂壤土中迁移速度较快，所以，水分在砂壤土中聚集的深度较粉质粘壤土浅，砂壤土水分主要在10～30cm深度聚集，而粉质粘壤土水分主要在10～40cm深度聚集。粉质粘壤土含水率峰值出现的深度较砂壤土大，表明在冻结过程中，如果土壤剖面颗粒便于水分迁移，那么水分就会在较短的时间内在冻结锋面处聚集，反之，冻结锋面不断向下发展，水分在较深的位置聚集。由于砂壤土孔隙直径相对较大，水力传导系数较大，有利于水分迁移，冻结锋面处含水率较粉质粘壤土大，砂壤土剖面最大含水率达39%，而粉质粘壤土剖面含水率最大为38.2%。冻结气温降幅越大，水分聚集区的含水率越高，水分相变率也越大，在小幅降温冻结下，砂壤土和粉质粘壤土剖面含水率峰值分别为33.7%和29.5%。

5.3 本章小结

为了揭示气温降幅和土壤质地对地下水浅埋区土壤温度的变化和水分迁移的影响，采用室内土壤单向冻结试验，研究了潜水位埋深为87.5cm、3种不同气温降幅冻结作用下砂壤土和粉质粘壤土温度的变化与水分迁移特征，本章小结如下：

（1）不同冻结气温降幅下土壤剖面温度变化规律。气温降幅越大，粉质粘壤土与砂壤土的地表温差越大，小幅降温、中幅降温和大幅降温冻结条件下砂壤土地表温度较粉质粘壤土分别低0.88℃、2.06℃和2.81℃。砂壤土剖面温度降速较快，土壤温度较粉质粘壤土温度低。随着土壤深度的增加，土壤剖面温度变幅减小。12cm处土壤温度在冻结第3d降速趋缓，进入慢速降温阶段；37cm处土壤温度呈现稳定降温特征，降温持续时间较12cm处长。小幅降温、中幅降温和大幅降温冻结条件下，剖面土壤温度分别在第31d、第33d和37d达到稳定降温阶段。

（2）不同冻结气温降幅下水分迁移规律。小幅降温冻结下，剖面水分向上部土层迁移量较大，大幅降温冻结下，0～10cm土壤快速冻结，土壤水分呈原位冻结特征，水分运动的有效孔隙度降低。小幅降温冻结下砂壤土和粉质粘壤土0～10cm土壤含水率较其他冻结方案分别高1.5%～7.3%和2.3%～2.7%。冻结作用下水分在砂壤土中聚集的深度较粉质粘壤土浅，砂壤土水分主要聚集在10～30cm，而粉质粘壤土水分主要聚集在10～40cm。小幅降温冻结下，土壤剖面水分聚集在10～20cm。大幅降温冻结下，土壤剖面含水率变化较大，砂壤土水分聚集在20～30cm，粉质粘壤土水分主要聚集在20～40cm，土壤剖面含水率总体上较高，聚墒区土壤含水率较小幅降温冻结高5.3%～8.7%。

参考文献

[1] 郑秀清，樊贵盛，邢述彦．水分在季节性非饱和冻融土壤中的运动［M］．北京：地质出版社，2002.

[2] 徐学祖，邓友生．冻土中水分迁移的实验研究［M］．北京：科学出版社，1991.

第6章 潜水浅埋条件下潜水与土壤水的转化

大气水、地表水、土壤水和潜水之间进行着不断的循环转化，任何一个区域的“四水”转化关系都比较复杂。在地下水浅埋区，潜水—土壤水—大气间的水汽转化剧烈而且复杂，土壤水分向上迁移逸散出地表即土壤蒸发，土壤水分向下迁移发生着土壤水与地下水的相互转化。在我国的北方地区，由于气象条件的变化使得土壤经历着季节性的冻结与融化过程，土壤水分自身经历着液态与固态之间的转化，发生复杂的迁移转化现象。土壤水分迁移转化受多种因素的影响，主要有气象条件、地表覆盖条件、潜水位和土壤质地等。季节性冻融期，地下水浅埋区土壤剖面水分的冻结与融化改变了土壤水与地下水之间的微循环，在冻结期，由于冻层的不断向下发展，加剧了地下水向土壤水的转化，而在消融期，土壤水分回补地下水并有一部分向大气逸散。

在非冻结期，潜水蒸发是指通过土壤蒸发或植物蒸腾而引起浅层地下水向土壤剖面输送水分的过程，该过程是地下水向土壤水转化，再转化为大气水的主要形式，也是自然界水循环的重要组成部分。通过潜水面向上运移的水量称为潜水蒸发量，即蒸发所消耗的土壤水中，来自地下水的那部分量。在地中蒸渗计系统中潜水通过毛细管上升离开潜水面，由马氏瓶直接观测到的补水量作为潜水蒸发量，其主要受土壤质地（或输水能力）和大气蒸发能力的制约。

冻结期，在上部土层冻结的影响下，地下水浅埋区潜水源源不断地进入土壤剖面，即冻结期潜水蒸发。冻融期由潜水进入土壤剖面中的水分一部分通过土壤逸散出地表，一部分聚集在土层中。聚集在土层中的那部分水量一部分随土层消融解冻逸散出地表进入大气，一部分向下运动补给地下水，此时蒸渗计测得的入渗补给量即为融水回归量，这部分水量实际上是冻结期潜水入流量的一部分，由于最终回到地下水，所以，冻融期“潜水面向上运移的水量”与非冻期有本质的区别，非冻期潜水向上运移不会再回到潜水中去，而冻融期潜水向上运移的量具有暂时性，部分冻结期向上运移的水量在消融期回归到地下水中。

6.1　年内潜水蒸发量变化特征

6.1.1　潜水蒸发量

1. 潜水蒸发的年内分配规律

潜水蒸发主要受土壤质地、气象因素和潜水位埋深等因素的影响，由于影响因素错综复杂，潜水蒸发量在年内的日分配无一定的规律，因此以月分配来统计不同土壤质地潜水蒸发量的年内分配规律。表6.1～表6.3为3种不同土壤质地潜水蒸发量年内的月分配规律。

表6.1　　**不同潜水位埋深下砂壤土中的潜水蒸发量**　　单位：mm

埋深	4月	5月	6月	7月	8月	9月	10月	11月	冻融期	全年
0.5m	36.72	41.87	46.26	36.85	24.69	20.39	21.05	7.59	55.05	290.47
1.0m	19.04	20.72	20.02	21.09	11.49	10.48	9.14	4.17	50.55	166.70
1.5m	7.34	12.60	13.43	14.43	7.83	6.37	6.90	2.21	33.02	104.13
2.0m	3.03	8.04	8.39	9.26	5.78	5.23	5.19	0.70	17.23	62.84
2.5m	1.85	2.99	2.23	2.45	3.01	3.64	3.05	0.54	4.71	24.47
3.0m	1.72	1.80	1.90	2.04	2.61	2.40	1.53	0.43	3.71	18.14
3.5m	1.35	0.92	0.55	0.91	1.37	1.58	1.17	0.33	3.36	11.54
4.0m	0.66	0.42	0.41	0.62	0.97	1.47	0.78	0.13	1.55	7.01
5.0m	0.21	0.13	0.38	0.40	0.51	0.45	0.48	0.08	0.89	3.52

表6.2　　**不同潜水位埋深下壤砂土中的潜水蒸发量**　　单位：mm

埋深	4月	5月	6月	7月	8月	9月	10月	11月	冻融期	全年
0.5m	21.74	25.48	35.39	31.01	22.28	18.00	18.33	6.86	47.97	227.05
1.0m	8.49	7.48	4.27	7.17	3.70	2.59	2.91	3.63	59.21	99.45
1.5m	3.29	1.22	1.65	1.50	1.50	1.90	1.37	1.44	14.83	28.71
2.0m	1.01	1.05	1.48	1.49	1.26	1.20	1.16	1.38	3.13	13.16
3.0m	0.47	0.20	0.57	0.39	0.23	0.08	0.10	0.29	2.05	4.37
3.5m	0.46	0.14	0.19	0.10	0.11	0.07	0.05	0.14	1.24	2.50
4.0m	0.36	0.12	0.05	0.02	0.05	0.01	0.03	0.06	0.64	1.34
5.0m	0.12	0.07	0.03	0.02	0.02	0.01	0.03	0.06	0.58	0.93

表6.3 不同潜水位埋深下砂土中的潜水蒸发量 单位：mm

埋深	4月	5月	6月	7月	8月	9月	10月	11月	冻融期	全年
0.5m	17.94	22.32	30.23	25.85	17.32	10.45	10.59	4.57	41.73	181.00
1.0m	1.40	6.90	4.09	4.37	1.95	0.73	0.90	1.50	45.25	67.09
1.5m	0.28	0.26	1.13	3.50	1.96	0.02	0.44	1.36	5.61	14.56
2.0m	0.10	0.47	0.93	0.92	0.38	0.06	0.04	1.04	2.15	6.09
2.5m	0.18	0.16	0.36	0.02	0.03	0.05	0.01	0.42	1.32	2.55
3.0m	0.07	0.09	0.15	0.04	0.02	0.05	0.02	0.02	0.64	1.12
3.5m	0.05	0.06	0.06	0.05	0.04	0.05	0.00	0.00	0.60	0.91

注 11月仅统计当月土壤未冻结时的数据。

由表6.1～表6.3可见，潜水蒸发量年内变化的总体趋势是：6月前后最大，这一时期的水面蒸发量也较大，表明水面蒸发能力对潜水蒸发的影响显著。潜水位埋深较浅时，潜水蒸发受气象因素影响较明显，其月蒸发量峰值出现时间基本与水面蒸发量的峰值时间一致。随潜水位埋深的增加，其峰值逐渐后移，当潜水位埋深较大时，其受气象条件影响微弱，蒸发量较小。土壤质地对潜水蒸发的影响也较明显，砂壤土毛细水上升高度大，毛细作用力强，潜水蒸发能力较强，而砂土毛细上升高度最小。由对比可知，砂壤土潜水蒸发量较高，砂土潜水蒸发量最小。在冻融期，干旱少雨，地表蒸发极为强烈，而且土壤的冻结作用相对地减小了潜水向上运动路径长度，潜水蒸发作用较非冻期有所加强。在剖面温度梯度和土水势梯度的作用下，冻融作用对潜水位埋深为1.5m的砂壤土、埋深为1.0m的壤砂土和砂土的潜水蒸发影响较强。

2. 潜水蒸发的垂向分布规律

无论何种土壤质地，潜水位埋深越浅，潜水蒸发量越大，而且受气象因素的影响比较明显。随着潜水位埋深的增加，地表距潜水面的距离变长，水分在土壤剖面中运动损耗的能量较多，因此年潜水蒸发量减小。当潜水位埋深大于2.5m时，年潜水蒸发量随埋深的增加而减小的幅度变小。毛细作用力较弱的砂土潜水蒸发量随着潜水位埋深的增加急剧减小，当埋深为3.0m时年蒸发量仅为1.12mm。而砂壤土中潜水蒸发量随着潜水位埋深而减小的幅度明显较小，主要原因是砂壤土的毛细上升高度较大，当埋深为3.0m时年蒸发量为17.74mm。

6.1.2 潜水蒸发系数

6.1.2.1 水面蒸发量

水面蒸发是水循环过程中的一个重要环节，是水文学研究中的一项重要任务，也是研究土壤蒸发和潜水蒸发的基础。水面蒸发是指一个地区自地表水体表面蒸发的水分。一般气象站所记录的蒸发资料仅是水面蒸发值，它并不代表一个地区的真实蒸发量。实际蒸发量的大小与水面面积有关，水面面积越大，单位面积蒸发量越小，反之则大。国内外许多实验证明，几何尺寸足够大的蒸发池才能较好的符合江河、湖库自然水面的蒸发情况。2004—2007 年逐月水面蒸发量汇总见表 6.4。

太谷均衡实验站水面蒸发采用 20cm 口径的小型蒸发器（E20 蒸发器）和标准 E601 型蒸发器，其面积远较自然水体蒸发面积小，所以所测得的蒸发资料只能代表试验区的蒸发，称蒸发力或蒸发度。但改进后的 E601 型蒸发器的代表性和稳定性优于其他常见蒸发器，其蒸发量可以近似代表自然水体的蒸发量。由表可见，试验区 2004—2007 年水面蒸发能力（E20 蒸发器）为 1618.9～1799.9mm，而水面蒸发量（E601 型蒸发器）为 853.4～943.9mm。水面蒸发量主要集中在 5—7 月，约占全年蒸发量的 60%。

表 6.4　　2004—2007 年逐月水面蒸发量汇总表　　单位：mm

年 份	2004		2005		2006		2007	
蒸发器	E20	E601	E20	E601	E20	E601	E20	E601
1 月	44.5	19.1	28.9	12.4	27.1	11.7	42.0	18.1
2 月	110.5	47.5	51.1	22.0	71.9	30.9	66.2	28.5
3 月	171.0	73.5	150.5	64.7	198.2	85.2	110.6	47.6
4 月	249.6	119.8	285.7	131.4	270.3	121.6	216.0	99.4
5 月	262.4	147.0	246.7	143.0	230.2	119.4	311.6	154.8
6 月	224.0	128.3	250.2	133.8	262.2	145.2	231.4	130.2
7 月	194.3	125.4	210.6	124.5	235.2	129.5	186.2	120.8
8 月	142.5	93.4	194.4	117.9	168.8	98.8	161.4	100.5
9 月	129.8	85.6	116.7	77.5	123.4	73.7	128.9	73.9
10 月	107.9	67.5	87.4	55.9	98.2	57.6	74.1	49.6
11 月	64.8	22.2	85.3	26.1	80.2	34.3	59.6	16.9
12 月	33.7	14.5	45.9	19.7	34.2	14.7	30.9	13.3
合 计	1735.0	943.9	1753.4	929.0	1799.9	922.6	1618.9	853.4

6.1.2.2 潜水蒸发系数

水面蒸发量主要反映气象因素对地表水体蒸发的影响，一般地，把潜水蒸发量与相应计算时段的水面蒸发量的比值定义为潜水蒸发系数，即

$$C=\frac{E_g}{E_0} \tag{6.1}$$

式中　C——潜水蒸发系数，无量纲；

E_g——潜水蒸发量，mm；

E_0——水面蒸发量，选取E601型蒸发器蒸发量，mm。

根据太谷均衡实验站气象条件，潜水蒸发系数采用冻融期、月和年三种时期进行分析研究，计算结果见表6.5～表6.7。

表6.5 砂壤土潜水蒸发系数

埋深	4月	5月	6月	7月	8月	9月	10月	11月	冻融期	全年
0.5m	0.311	0.297	0.344	0.295	0.241	0.263	0.365	0.305	0.405	0.318
1.0m	0.161	0.147	0.149	0.169	0.112	0.135	0.159	0.168	0.372	0.183
1.5m	0.062	0.089	0.100	0.115	0.076	0.082	0.120	0.089	0.243	0.114
2.0m	0.026	0.057	0.062	0.074	0.056	0.067	0.090	0.028	0.127	0.069
2.5m	0.016	0.021	0.017	0.020	0.029	0.047	0.053	0.022	0.035	0.027
3.0m	0.015	0.013	0.014	0.016	0.025	0.031	0.027	0.017	0.027	0.020
3.5m	0.011	0.007	0.004	0.007	0.013	0.020	0.020	0.013	0.025	0.013
4.0m	0.006	0.003	0.003	0.005	0.009	0.019	0.014	0.005	0.011	0.008
5.0m	0.002	0.001	0.003	0.003	0.005	0.006	0.008	0.003	0.007	0.004

表6.6 壤砂土潜水蒸发系数

埋深	4月	5月	6月	7月	8月	9月	10月	11月	冻融期	全年
0.5m	0.184	0.181	0.263	0.248	0.217	0.232	0.318	0.276	0.353	0.270
1.0m	0.072	0.053	0.032	0.057	0.036	0.033	0.051	0.146	0.436	0.120
1.5m	0.028	0.009	0.012	0.012	0.015	0.024	0.024	0.058	0.109	0.050
2.0m	0.009	0.007	0.011	0.012	0.012	0.015	0.020	0.055	0.023	0.027
3.0m	0.004	0.001	0.004	0.003	0.002	0.001	0.002	0.012	0.015	0.005
3.5m	0.004	0.001	0.001	0.001	0.001	0.001	0.001	0.006	0.009	0.003
4.0m	0.003	0.001	0.000	0.000	0.000	0.000	0.001	0.002	0.005	0.001
5.0m	0.001	0.000	0.000	0.000	0.000	0.000	0.000	0.002	0.004	0.001

表6.7 砂土潜水蒸发系数

埋深	4月	5月	6月	7月	8月	9月	10月	11月	冻融期	全年
0.5m	0.152	0.158	0.225	0.207	0.169	0.135	0.184	0.184	0.307	0.198
1.0m	0.012	0.049	0.030	0.035	0.019	0.009	0.016	0.060	0.333	0.074
1.5m	0.002	0.002	0.008	0.028	0.019	0.000	0.008	0.055	0.041	0.016
2.0m	0.001	0.003	0.007	0.007	0.004	0.001	0.001	0.042	0.016	0.007
2.5m	0.002	0.001	0.003	0.000	0.000	0.001	0.000	0.017	0.010	0.003
3.0m	0.001	0.001	0.001	0.000	0.000	0.001	0.000	0.001	0.005	0.001
3.5m	0.000	0.000	0.000	0.000	0.000	0.001	0.000	0.000	0.004	0.001

由表可见，砂壤土年平均潜水蒸发系数较大，砂土最小；随着深度的增加，潜水蒸发系数逐渐减小。从年内各月来看，6月和10月潜水蒸发系数较大。无论何种岩性，年内5月潜水蒸发系数最小，小于年潜水蒸发系数；冻融期水面蒸发有所下降，在冻层的作用下潜水蒸发量增加，所以潜水蒸发系数增大。

对砂壤土而言，当潜水位埋深大于2.5m时，潜水蒸发系数变幅较小；当潜水位埋深为5m时，年潜水蒸发系数为0.004。对壤砂土和砂土而言，当潜水位埋深大于1.5m时，潜水蒸发系数减小幅度变弱，壤砂土在潜水位埋深为4m时，年潜水蒸发系数仅为0.001，其中6—9月潜水蒸发系数几乎为零；砂土在潜水位埋深为3m时年潜水蒸发系数为0.001，其中7月、8月、10月潜水蒸发系数几乎为零。

可见，从水资源评价、水资源管理及潜水蒸发量边界划分条件的角度考虑，可近似地将砂壤土、壤砂土、砂土3种土壤质地的年潜水极限蒸发深度分别定为5m、4m和3m。

6.1.2.3　影响因素

潜水蒸发和土壤水分运动变化过程非常复杂，潜水蒸发受诸多因素综合影响，如气候因素（气温、地温、降水、气压、水气压、风速）、潜水位埋深、土壤质地、冻层及作物植被等。由于潜水蒸发系数具有季节性的变化特征，因此本书从非冻期和冻融期探讨潜水蒸发系数的影响因素。

1. 非冻期

(1) 降水的影响。地面降水期间，土壤剖面重力水的下渗在很大程度上抑制了潜水蒸发，由图6.1可见，各月潜水蒸发系数的变化与降水量变化趋势相反，降水期间潜水蒸发系数较小，特别是8月，降水量最大但潜水蒸发系数最小。由于降水的缓慢下渗，降水对潜水蒸发系数的影响具有滞后性，对于水力传导性较弱的砂壤土影响显著，9月降水量下降，但0.5m埋深下的潜水蒸发系数与8月相差甚微。

当潜水位埋深小于1.5m时，降水对砂壤土潜水蒸发系数的影响较为明显。然而，壤砂土和砂土的潜水蒸发系数受降水的影响在地下水埋深小于1.0m范围内表现较为明显。

(2) 潜水位埋深的影响。潜水位埋深决定着潜水面水分向上运移的距离，随着埋深的增加，潜水面与地表之间的距离加大，外界大气的影响和土壤剖面毛细管输送水分的能力减弱，当潜水位埋深大于土壤毛细水上升高度时，潜水蒸发量急剧减小。由图6.2可见，无论何种岩性，随着潜水位埋深的增加，年潜水蒸发系数减小，二者呈相反的变化趋势。但对于不同土壤质地，年潜水蒸

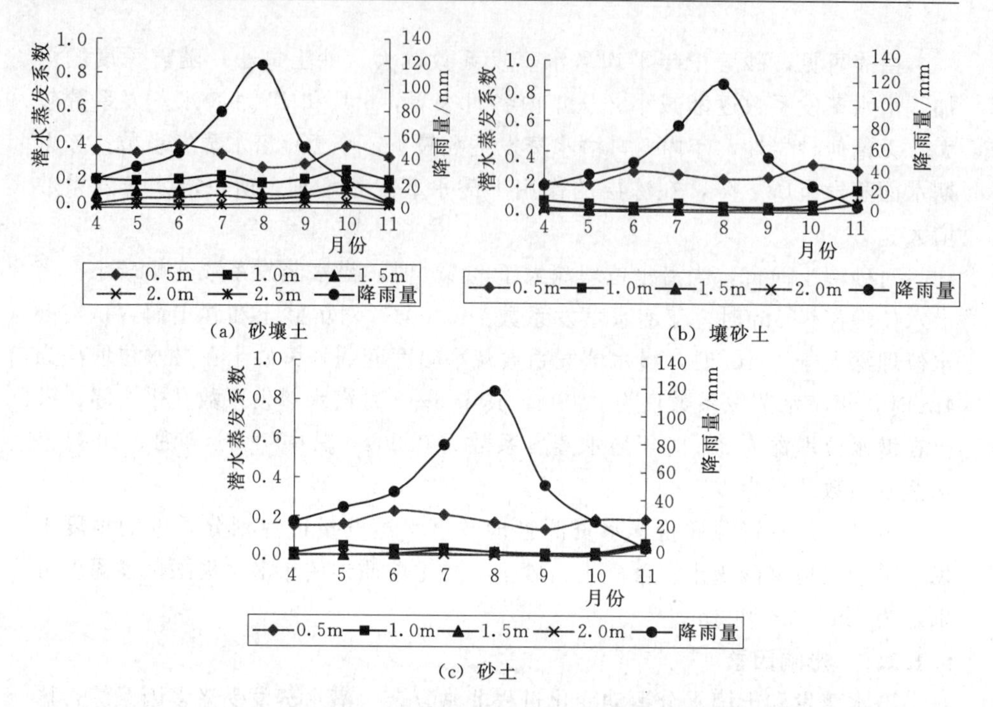

图 6.1　月潜水蒸发系数与降水量的关系图

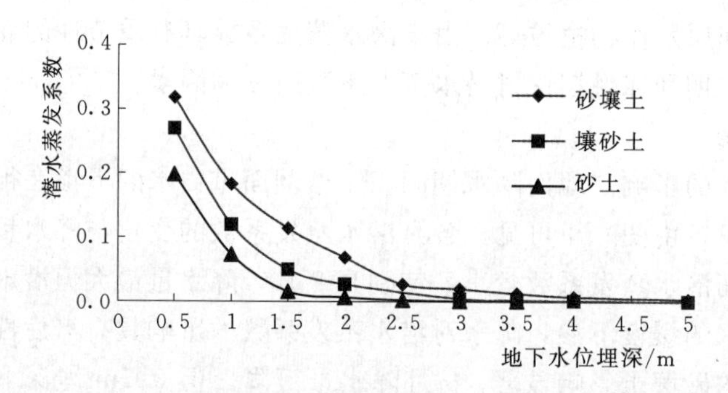

图 6.2　年潜水蒸发系数与潜水位埋深的关系图

发系数随着潜水位埋深减小的速率（衰减系数）不同，受毛管水上升高度的影响，不同土壤质地的潜水蒸发系数在 0.5～2.0m 埋深时下降较快，当潜水位埋深大于 2.5m 时，衰减系数变小，表明潜水蒸发系数的衰减随着潜水位埋深的增加而减小。砂壤土年潜水蒸发系数随地下水埋深增加而减小相对缓慢，当潜水位埋深大于 2.5m 时，衰减系数为 0.012。

(3) 土壤质地的影响。由于潜水蒸发是通过毛细管输送水分而完成的，潜水蒸发主要受毛细管水分上升高度和毛细管输水能力的双重作用控制。一般来说，粗毛细管输水能力强，但水分上升高度小；细毛细管水分上升高度大，但受薄膜

水阻塞影响其输水能力较弱。因此，土壤颗粒过粗或过细都不利于毛管水分的输移，在一定的潜水位埋深下，只有适当的岩土颗粒大小的毛管粗细才具有较强的输水能力，最适合潜水向上运移，从而为潜水蒸发创造了良好的条件。

由图 6.2 可见，砂壤土的潜水蒸发系数较大，有利于潜水蒸发。而砂土由于毛细水上升高度较小，其潜水蒸发系数较小。通过蒸发系数的变化可知，砂壤土年潜水蒸发系数的衰减能力最弱，而颗粒较粗的砂土年潜水蒸发系数的衰减能力最强。

2. 冻融期

在季节性冻土分布地区，土壤剖面经历冻结—消融的季节性变化过程，土壤冻结时水分在土水势梯度的作用下向冻层迁移，特别在地下水浅埋区，土壤剖面水分冻结引起潜水入流的现象非常明显。

图 6.3 为冻融期潜水蒸发系数随潜水位埋深的变化曲线。由图可见，当潜水位埋深小于 2.0m 时，冻融期潜水蒸发系数的变化较为复杂，砂壤土的潜水蒸发系数总体上随潜水位埋深的增加而减小，但壤砂土和砂土的潜水蒸发系数在 1.0m 埋深时最大，其主要原因是受冻层深度的影响，当冻层深度与毛细水上升高度之和小于潜水位埋深的时候，潜水入流的能力最强。虽然冻结期砂壤土的毛细水上升高度与冻层深度之和小于潜水位埋深，但其土壤剖面的给水度和水力输送能力较壤砂土小，所以冻融期潜水蒸发系数小于壤砂土。

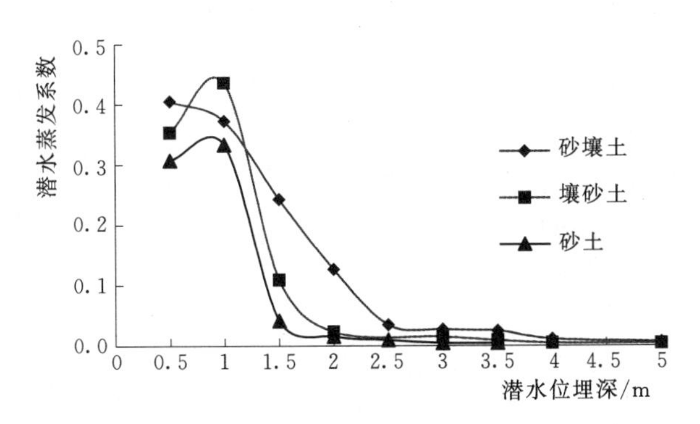

图 6.3　冻融期潜水蒸发系数随潜水位埋深变化曲线

6.1.3 潜水蒸发量预报

太谷均衡实验站根据蒸渗计观测资料建立了潜水蒸发系数与埋深关系模型[1]，该模型中涉及 3 个待定系数，给实际应用带来了不便。上述分析表明，潜水蒸发系数主要受降水、潜水位埋深及土壤质地的影响，通过对不同潜水位埋深下潜水蒸发系数变化规律的分析，结果表明太谷均衡实验站三种不同土壤质地的潜水蒸发系数均较好的符合如下的指数型关系：

$$\lambda = \alpha e^{\beta H_g} \tag{6.2}$$

式中　λ——潜水蒸发系数，无量纲；

H_g——潜水位埋深，$0.5\text{m} \leqslant H_g \leqslant 5.0\text{m}$；

α、β——经验系数，与土壤质地有关。

α 物理意义上表征地表土壤的蒸发系数，β 表示随着潜水位埋深增加时潜水蒸发系数的衰减强度。

图 6.4 为 3 种不同土壤质地的潜水蒸发系数随潜水位埋深的拟合曲线图，回归系数见表 6.8。可见，砂壤土的潜水蒸发系数拟合效果最好（$R^2=0.987$），随着土壤颗粒粒径的增大，回归系数 α 由大变小，表明地表土壤的蒸发系数随着土壤颗粒的增大而减小；砂壤土的回归系数 $|\beta|$ 值小而砂土的 $|\beta|$ 值大，说明随着潜水位埋深的增加，潜水蒸发系数随着土壤剖面粒径的增大而快速减小。方程回归分析结果见表 6.9。在给定显著水平 $\alpha=5\%$ 的条件下，$F_{0.05}(p, n-p-1)=F_{0.05}(1, 7)=5.59$，$F_{0.05}(1, 6)=5.99$，$F_{0.05}(1, 5)=6.61$，由表 6.9 可见，方差分析结果的 F 值均大于 $F_{0.05}(p, n-p-1)$，所以方程回归显著。

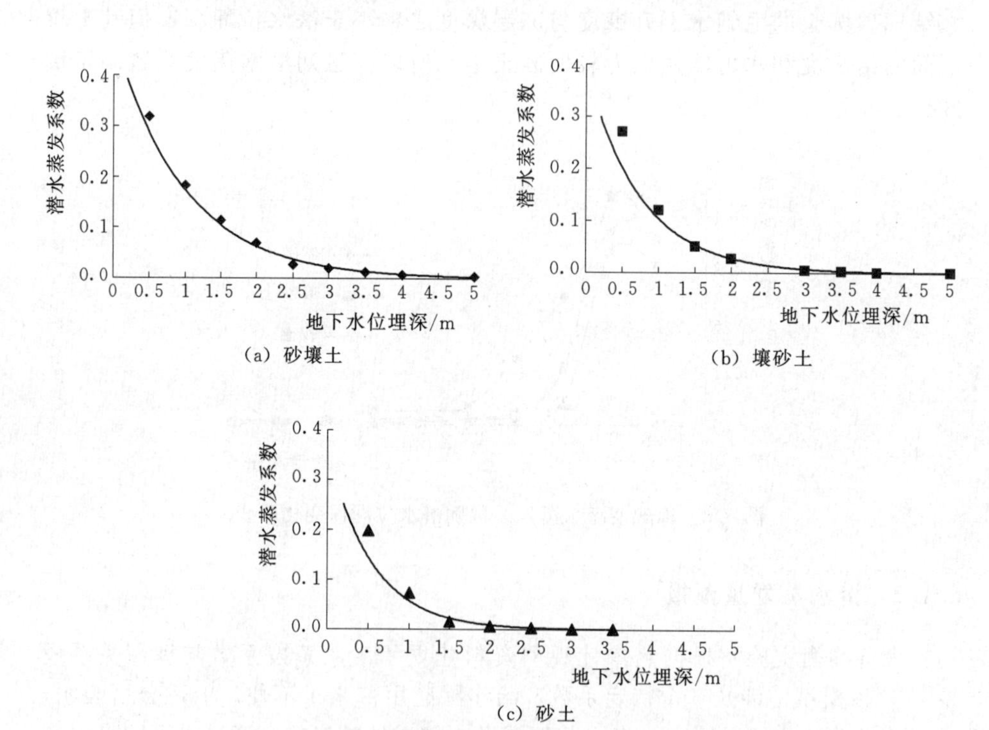

(a) 砂壤土

(b) 壤砂土

(c) 砂土

图 6.4　潜水蒸发系数随潜水位埋深变化的拟合曲线

式（6-2）中的待定系数 α、β 与土壤质地有关，分析表明 α、β 与土壤平均粒径呈线性变化趋势（图 6.5）：

$$\begin{aligned}\alpha&=-7.78d_u+0.55\\ \beta&=-53.54d_u-0.43\end{aligned}\tag{6.3}$$

式中 d_u——土壤剖面平均粒径，mm。

根据式（6.2）和式（6.3）即可预测地下水浅埋区不同土壤质地不同潜水位埋深下的潜水蒸发系数，潜水蒸发系数与水面蒸发量的乘积即为潜水蒸发量。

表 6.8　潜水蒸发系数模型的回归系数

土壤质地	回归系数		相关系数	样本数
	α	β	R^2	N
砂壤土	0.479	−1.017	0.987	9
壤砂土	0.390	−1.325	0.970	8
砂土	0.365	−1.845	0.968	7

表 6.9　回归显著性检验方差分析结果表

土壤质地	离差			自由度			均方离差		F 值
	$Q_{回归}$	$Q_{剩余}$	Q_T	p	$n-p-1$	$n-1$	$S_{回归}$	$S_{剩余}$	
砂壤土	17.813	1.188	18.055	1	7	8	17.813	0.034	516.598
壤砂土	0.241	1.292	28.510	1	6	7	30.219	0.156	193.579
砂土	18.055	0.788	24.559	1	5	6	23.772	0.158	150.906

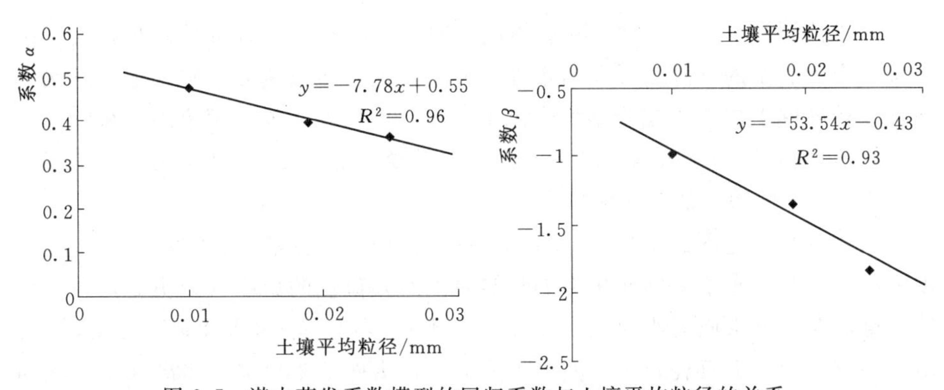

图 6.5　潜水蒸发系数模型的回归系数与土壤平均粒径的关系

6.2　冻融期潜水入流量变化规律

在冻结作用下，土壤剖面水分的迁移引起了地下水不断流入非饱和土壤中，流入的水量称为潜水入流量[2]或地下水入流量[3]，也有学者将其称为潜水蒸发量[4-6]，由于冻结期的潜水（地下水）蒸发量在消融期冻层融化后部分回归到地下水中，所以冻融期的潜水（地下水）蒸发量具有“暂时性”，本质上不同于非冻期的潜水蒸发[7-8]，因此本文采用“潜水入流量”表征冻融期潜水浅埋条件下潜水流入土壤中的水量。

6.2.1　冻融期潜水入流量变化特征

1. 2004—2005 年冻融期

(1) 冻结期（2004 - 11 - 11 至 2005 - 02 - 12）。图 6.6 为 2004—2005 年冻融期砂壤土、壤砂土和砂土三种不同土壤质地累积潜水入流量曲线。由图 6.6 可见，当潜水位埋深为 0.5m 时，土层的逐渐冻结引起了潜水向土壤剖面的快速入流。根据试验站冻土计观测资料，2004—2005 年冻融期土壤于 11 月 11 日开始冻结，土壤进入不稳定冻结阶段，该阶段冻层位于地表附近，厚度薄、冻结强度低，在毛细作用下潜水不断流入土壤剖面。随着气温的不断下降和地表负积温的增加（平均增速为－5.5℃/d)，土壤在 12 月 25 日进入冻层稳定发展阶段，冻层逐渐向下稳定发展，冻结速率最大达 2.8cm/d，由图 6.6 可见，潜水入流速度加快。12 月 28 日砂壤土累积潜水入流量达 39.10mm，壤砂土和砂土的累积潜水入流量分别为 28.38mm 和 21.82mm。之后由于冻层密实坚硬且距潜水面距离较近以致潜水通往土壤剖面的路径被阻，潜水累积入流量曲线几乎水平，冻结期砂壤土、壤砂土和砂土的潜水总入流量分别为 39.68mm、28.53mm 和 22.31mm。

潜水位埋深为 1.0m 时，冻层的快速向下发展对潜水入流量影响较大，由于壤砂土和砂土的孔隙直径及给水度较砂壤土大，所以壤砂土和砂土的潜水入流速度较砂壤土快，表现为累积入流量曲线斜率较大，冻结期壤砂土和砂土潜水总入流量达 58.02mm 和 48.89mm，而砂壤土潜水总入流量为 57.81mm，均大于 0.5m 埋深下的总入流量。

随着潜水位埋深的增加，土壤冻结锋面至地下水面的距离加长，土水势梯度减小。此时，土壤毛细作用力的强弱对潜水入流量的影响较为明显，当土壤冻结锋面至地下水面的距离大于毛细水上升高度时，潜水入流能力就会减弱。由于砂壤土的孔隙直径较小，其毛细力较强，由图 6.6 可见，当潜水位埋深为 1.5m 和 2.0m 时，砂壤土的潜水入流量虽然减小，但毛细水上升高度仍可到

达土壤冻结锋面，冻结期潜水总入流量分别为36.88mm和16.17mm。

对于壤砂土和砂土而言，当潜水位埋深大于1.5m时，土壤冻结锋面至地下水面的距离大于毛细水上升高度，因此潜水入流量均减小，潜水累积入流量曲线变化较平缓。潜水位埋深2.0m时，冻结期壤砂土和砂土的潜水总入流量

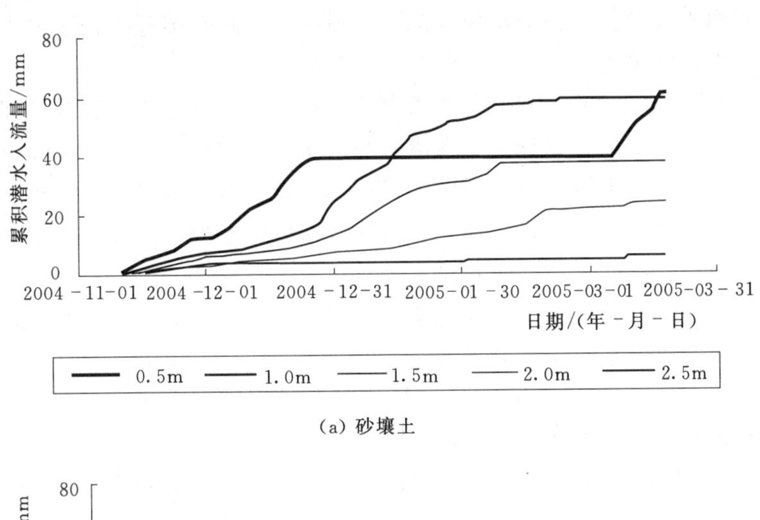

(a) 砂壤土

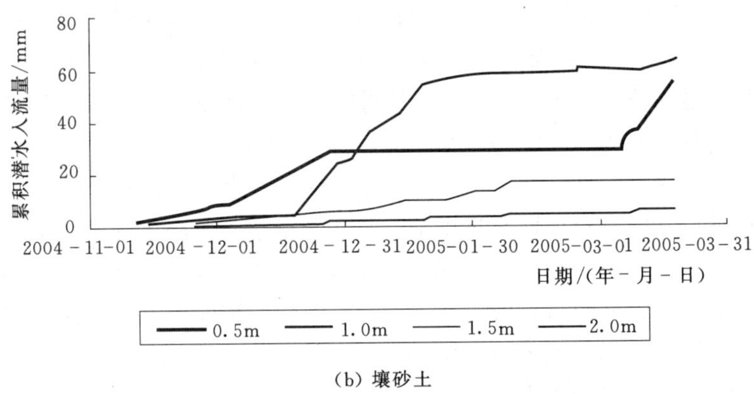

(b) 壤砂土

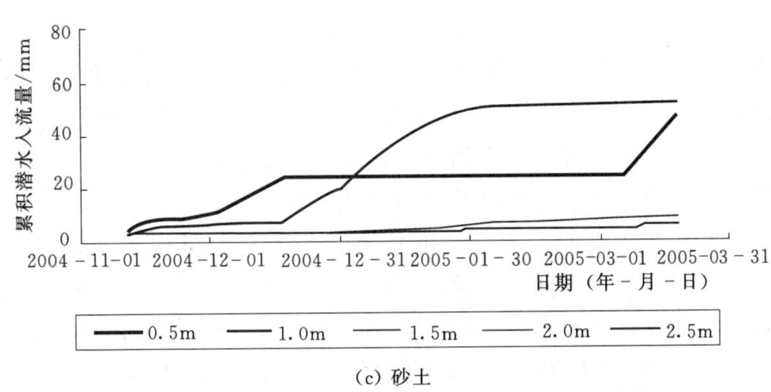

(c) 砂土

图6.6 2004—2005年冻融期累积潜水入流量曲线

分别为 2.62mm 和 1.20mm。

可见，毛细水上升高度决定了潜水的入流量。但是，土壤剖面的给水度决定了容纳潜水入流量的能力。当潜水位埋深为 1.0m 时，冻结期潜水极易向土壤剖面迁移，3 种土壤质地的土壤毛细水上升高度均到达土壤冻结锋面，冻结期潜水累积入流量在 4 种潜水位埋深中为最大，而且孔隙直径相对较大的土壤剖面潜水入流量更大。

(2) 消融期 (2005-02-13 至 2005-03-17)。消融解冻阶段，冻层融水一部分向外界散失，一部分向下入渗回补潜水。潜水位埋深为 0.5m 时，土壤剖面含水率较高，土壤剖面水分向外界蒸发强烈，由于潜水位埋深较浅，小于毛细水上升高度，所以水力传导性较强的岩性更利于潜水流入土壤剖面。分析表明，砂壤土、壤砂土和砂土消融期潜水入流量分别达 21.48mm、26.48mm 和 22.89mm，可见消融期 0.5m 埋深下砂土潜水入流量较大。随着潜水位埋深的增加，表层土壤含水率逐渐减小，潜水位埋深为 1.0m 时，10cm 处土壤含水率为 10%～15%，土壤水分向外界蒸发能力减弱。潜水位埋深为 1.0m 时，潜水入流量大幅度减小，砂壤土、壤砂土和砂土消融期潜水入流量分别为 1.43mm、3.99mm 和 1.21mm，一方面由于冻结期土壤剖面大量入流的潜水消融回补地下水，另一方面缓慢消融的巨厚冻层阻滞了潜水与外界大气之间的水力联系。潜水位埋深为 1.5m 时，消融期潜水向砂壤土、壤砂土和砂土土壤剖面的入流量分别为 0.19mm、0.43mm 和 2.10mm。

潜水位埋深为 2.0m 时，冻结期剖面土壤含水率变化较小，消融期冻层融水回补量也少，而且消融期干旱少雨，地表土壤水分不断向外界散失。由于毛细作用力较强的砂壤土最大毛细水上升高度达 185cm，距地面仅 15cm，所以其消融期潜水入流量较高，为 7.20mm；而壤砂土和砂土毛细作用力弱，潜水蒸发量分别仅为 1.09mm 和 0.82mm。

2. 2005—2006 年冻融期

(1) 冻结期 (2005-11-14 至 2006-02-01)。图 6.7 为 2005—2006 年冻融期砂壤土、壤砂土和砂土三种不同土壤质地潜水累积入流量曲线。根据试验站冻土计观测资料，2005—2006 年冻融期土壤于 11 月 14 日开始冻结并进入不稳定冻结阶段，在毛细作用下潜水不断流入土壤剖面。

由图 6.7 可见，土层的逐渐冻结对潜水位埋深为 0.5m 的潜水入流影响较为明显，潜水向土壤剖面的入流速度较快。12 月初气温快速下降，最低气温达 −10.6℃，地表负积温随之快速增加，土壤进入冻层稳定发展阶段，随着冻层逐渐向下稳定发展和水分相变程度加强，潜水入流速度加快。12 月 13 日砂壤土累积潜水入流量达 32.0mm，壤砂土和砂土的累积潜水入流量分别为 24.18mm 和 13.36mm。之后由于冻层密实坚硬，潜水面与冻结锋面距离较

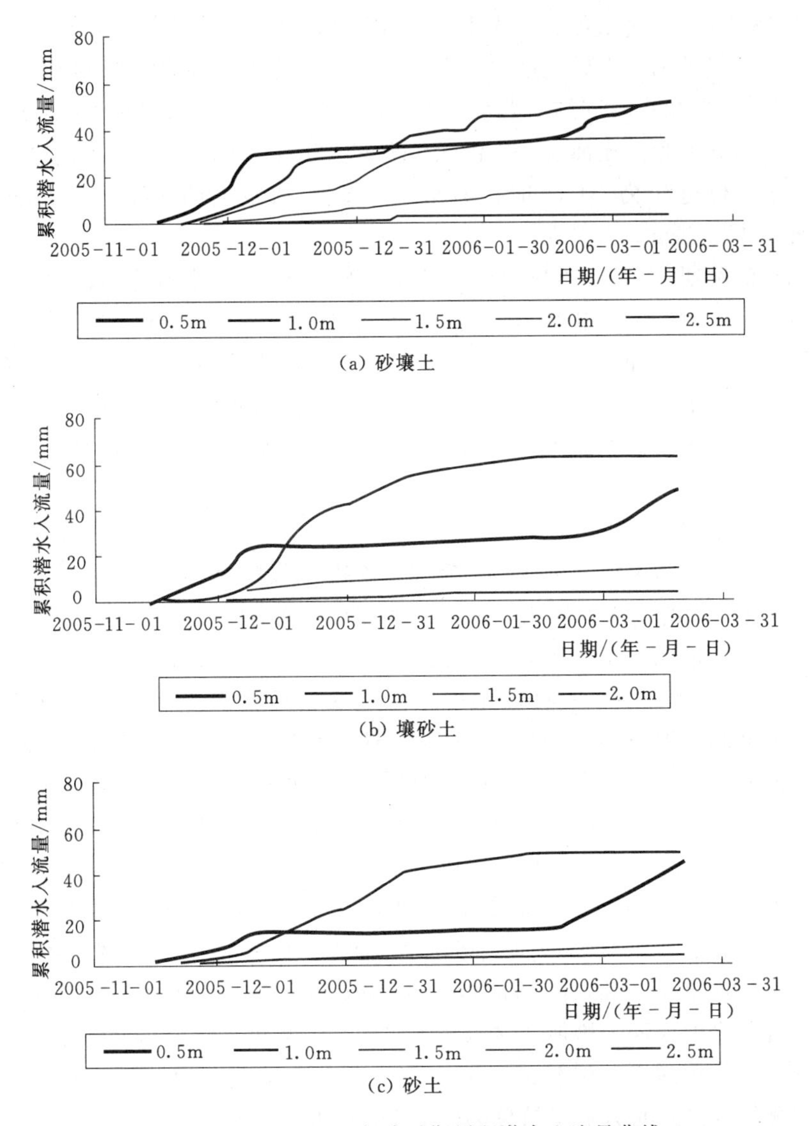

(a) 砂壤土

(b) 壤砂土

(c) 砂土

图 6.7 2005—2006 年冻融期累积潜水入流量曲线

近，潜水几乎停止入流，累积入流量曲线近乎水平，冻结期砂壤土、壤砂土和砂土的潜水入流量分别为 34.49mm、25.73mm 和 15.39mm。

潜水位埋深为 1.0m 时，冻结期累积潜水入流量均大于 0.5m 埋深下的入流量。受冻层深度、土壤剖面给水度等因素的综合影响，壤砂土累积潜水入流量最大，达 61.66mm，砂壤土次之，砂土最小。

随着潜水位埋深的增加，冻层的深度对潜水入流的影响居次要地位。此时，土壤毛细作用力的强弱对潜水入流量的影响较为明显，砂壤土毛细水上升高度为185cm，当潜水位埋深为1.5m和2.0m时，土壤冻结锋面至潜水面的距离加长，但毛细水上升高度仍可到达土壤冻结锋面，潜水入流量较0.5m和1.0m埋深有所减小，冻结期潜水总入流量分别为24.97mm和12.94mm。

对于壤砂土和砂土而言，当潜水位埋深大于1.5m时，潜水入流量大幅度减小。潜水位埋深为2.0m时，冻结期壤砂土和砂土的潜水入流量分别为1.91mm和1.79mm。

（2）消融期（2006－02－02至2006－03－16）。消融解冻阶段，0.5m埋深下砂壤土、壤砂土和砂土潜水入流量分别达19.01mm、21.75mm和28.35mm，由于毛细水上升高度均大于0.5m，所以土壤剖面的水力传导系数较大的砂土潜水入流量较大。当潜水位埋深大于毛细水上升高度时，潜水入流量急剧减小。潜水位埋深大于2.0m时，潜水入流能力越来越弱。

3.2006—2007年冻融期

（1）冻结期（2006－11－15至2007－02－05）2006—2007年冻融期土壤于11月15日开始冻结并进入不稳定冻结阶段，随着土层的逐渐冻结，潜水位埋深为0.5m的潜水入流较快，引起了潜水向土壤剖面的快速入流。12月初气温快速下降，最低气温达－6.4℃，土壤进入冻层稳定发展阶段，潜水入流速度加快。但2006—2007年冻融期冻层向下发展速度较2005—2006年冻融期慢，最大冻结深度较2005—2006年冻融期减小2cm，此外，水分相变程度也较弱。图6.8为2006—2007年冻融期砂壤土、壤砂土和砂土3种不同土壤质地潜水累积入流量变化曲线。可见，冻结期砂壤土、壤砂土和砂土的潜水总入流量分别为32.43mm、21.49mm和13.6mm，略小于2005—2006年冻结期。

潜水位埋深为1.0m时，冻结期累积潜水入流量均大于0.5m埋深下的入流量。由于冻层深度较2005—2006年冻融期减小，对壤砂土累积潜水入流量影响较大，较2005—2006年冻结期减小，为44.96mm。砂土潜水入流量减小至35.39mm。

随着潜水位埋深的增加，潜水入流量均呈现减小的趋势，土壤毛细作用力的强弱成为影响潜水入流量的主要因素。当潜水位埋深为1.5m和2.0m时，砂壤土冻结期潜水总入流量分别为33.57mm和12.01mm。壤砂土和砂土潜水位埋深大于1.5m时，潜水入流量大幅减小，与2004—2005年和2005—2006年冻融期较为相近。

（2）消融期（2007－02－06至2007－03－15）。潜水位埋深为0.5m时，消融期砂壤土、壤砂土和砂土潜水入流量分别达18.06mm、19.93mm和22.64mm，可见土壤剖面的水力传导系数较大的砂土潜水入流量较大。当潜水位埋深大于1.0m时，而且潜水位埋深大于毛细水上升高度时，潜水入流量急剧减小。潜水位埋深为2.0m时，消融期砂壤土、壤砂土和砂土潜水入流量分别为3.34mm、0.34mm和0.52mm。

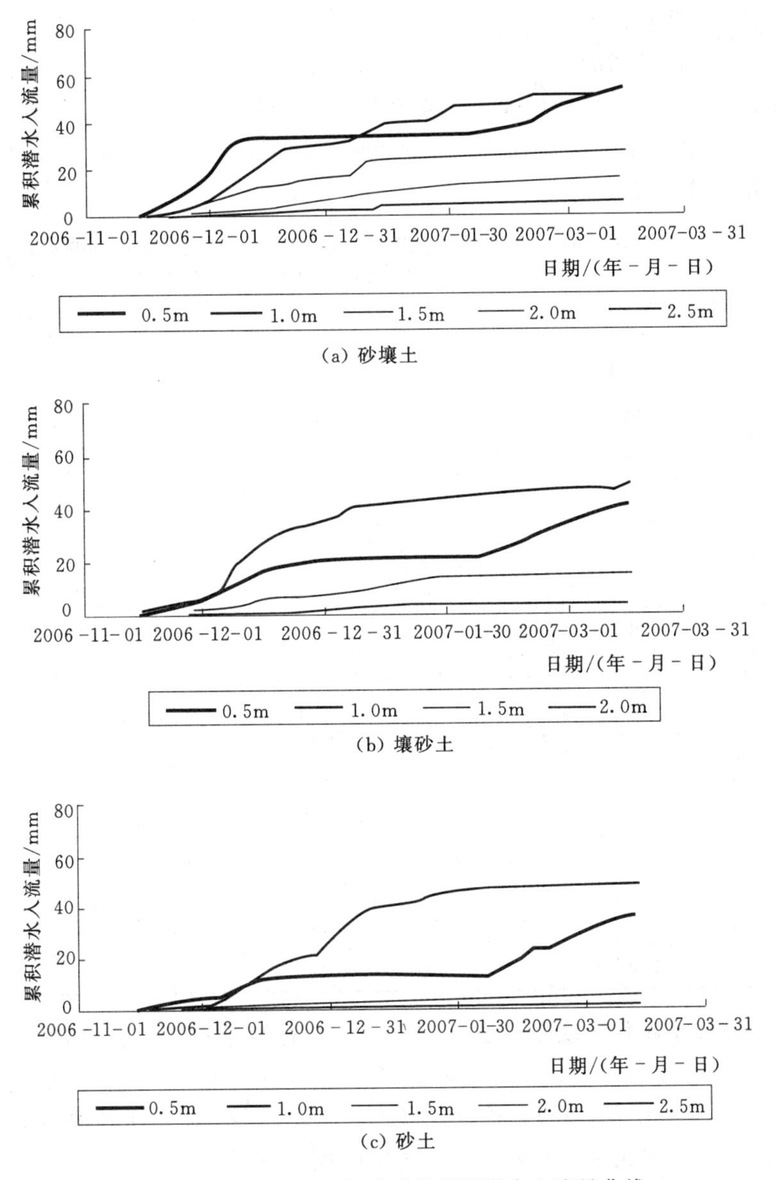

(a) 砂壤土

(b) 壤砂土

(c) 砂土

图 6.8 2006—2007 年冻融期累积潜水入流量曲线

6.2.2 冻结期潜水入流量预报模型

通过对 2004—2005 年冻结期 94d（组）数据、2005—2006 年冻结期 81d（组）数据和 2006—2007 年冻结期 83d（组）数据的回归分析，结果表明冻结期间累积潜水入流量与冻结历时具有较好的相关性，二者符合如下关系：

$$Q=AT^{0.5}+B \tag{6.4}$$

式中　Q——累积潜水入流量，mm；

T——冻结历时，d；

A 和 B——回归系数，反映了气象因素和土壤质地特征。

2004—2005年冻结期不同潜水位埋深下的回归系数及回归方程显著性检验分析结果详见表6.10。

表6.10　2004—2005年冻结期累积潜水入流量与冻结历时关系的回归分析表

岩性	潜水位埋深/m	回归系数		相关性	回归方程显著性检验								
					离差			自由度			均方离差		F值
		A	B	R	$Q_{reg.}$	$Q_{res.}$	Q_{tatal}	p	$n-p-1$	$n-1$	$S_{reg.}$	$S_{res.}$	
砂壤土	0.5	5.80	−9.71	0.95	16076.46	1892.53	17968.98	1	92	93	16076.46	20.57	781.51
	1.0	6.33	−19.90	0.94	19111.77	2591.78	21703.55	1	92	93	19111.77	28.17	678.41
	1.5	4.88	−15.99	0.92	11352.34	2006.63	13358.97	1	92	93	11352.34	21.81	520.48
	2.0	1.88	−5.41	0.95	1689.37	198.68	1888.05	1	92	93	1689.37	2.16	782.27
	2.5	0.44	0.31	0.90	90.96	22.36	113.32	1	92	93	90.96	0.24	374.33
壤砂土	0.5	4.40	−8.68	0.94	9229.04	1211.46	10440.50	1	92	93	9229.04	13.17	700.87
	1.0	10.49	−39.84	0.89	52576.51	13548.14	66124.65	1	92	93	52576.51	147.26	357.03
	1.5	0.37	−1.56	0.69	66.58	74.66	141.24	1	92	93	66.58	0.81	82.04
	2.0	0.69	−1.82	0.91	229.90	50.94	280.84	1	92	93	229.90	0.55	415.21
砂土	0.5	248.02	−925.98	0.92	29384663	5314554	34699217	1	92	93	29384663	57767	508.68
	1.0	11.17	−35.90	0.92	59586.56	10348.73	69935.29	1	92	93	59586.56	112.49	529.72
	1.5	0.41	−1.59	0.73	80.98	70.99	151.97	1	92	93	80.98	0.77	104.96
	2.0	0.13	−0.25	0.93	7.96	1.22	9.18	1	92	93	7.96	0.01	598.18
	2.5	0.07	−0.29	0.77	2.24	1.57	3.81	1	92	93	2.24	0.02	131.38

将上述模型转化为线性模型 $Y=AX+B$，在给定显著水平 α（取 $\alpha=5\%$）下，$F_{0.05}$（p，$n-p-1$）$=F_{0.05}$（1，92）$=3.96$，由表6.10的方差分析结果可知，$F>F_{0.05}$（1，92），所以方程回归显著，说明冻结期累积潜水入流量与冻结历时之间的关系可较好的用上述回归模型表征。

6.2.3　冻融期潜水入流总量与潜水位埋深的关系

冻融期潜水入流速度与土层冻结速度和冻结深度有关，但总体上随着潜水位埋深的增加，潜水入流量减小。2004—2007年3个冻融期不同潜水位埋深下潜水总入流量汇总见表6.11。

根据3个冻融期潜水入流量的平均值分析可知，对于土壤剖面为砂壤土而言，当潜水位埋深小于2.5m时，冻融期潜水总入流量随着潜水位埋深的增加呈线性减少，二者关系可用如下线性方程表示：

$$Q_{in}=26.80H_g+72.92\ (R^2=0.970) \tag{6.5}$$

式中　Q_{in}——冻融期潜水总入流量，mm；

H_g——潜水位埋深，$0.5\text{m}\leqslant H_g\leqslant 2.5\text{m}$。

根据式（6.5）预测的冻融期砂壤土潜水总入流量与实测值的散点较好的散落于直线 $y=x$ 附近（图 6.9），可见上述方程可方便的用于冻融期砂壤土潜水总入流量的预报。

表 6.11　　季节性冻融期不同潜水位埋深下潜水总入流量　　单位：mm

冻融期	土壤质地	0.5m	1m	1.5m	2m	2.5m	3m	3.5m	4m	5m
2004—2005	砂壤土	61.16	59.24	37.07	23.37	5.02	3.82	—	—	—
	壤砂土	55.01	63.94	16.52	3.71	缺	1.86	—	—	—
	砂土	45.2	50.1	5.76	2.02	1.5	0.62	—	—	—
2005—2006	砂壤土	53.5	51.12	36.08	14.56	4.01	3.43	3.47	—	—
	壤砂土	47.48	64.84	13.73	2.4	缺	2.22	1.24	—	—
	砂土	43.74	48.79	5.41	2.17	1.21	0.68	0.65	—	—
2006—2007	砂壤土	50.49	41.3	34.91	13.76	5.09	3.88	3.24	1.55	0.89
	壤砂土	41.42	48.85	14.25	3.28	缺	2.06	1.23	0.64	0.58
	砂土	36.24	36.87	5.67	2.27	1.26	0.63	0.54		
平均	砂壤土	55.05	50.55	36.02	17.23	4.71	3.71	3.36	1.55	0.89
	壤砂土	47.97	59.21	14.83	3.13	缺	2.05	1.24	0.64	0.58
	砂土	41.73	45.25	5.61	2.15	1.32	0.64	0.60		

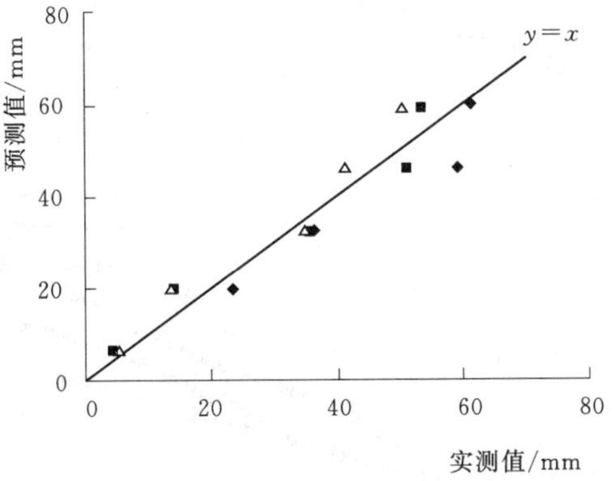

图 6.9　冻融期砂壤土潜水总入流量预测值与实测值

冻融期壤砂土和砂土的潜水入流量变化规律较砂壤土复杂，壤砂土的最大毛细水上升高度为 77cm，而且其孔隙直径和给水度较大，使得 1.0m 埋深下壤砂土潜水入流总量较大，而0.5m埋深下的潜水虽然入流速度较快，但其土壤剖面储水空间较小。当潜水位埋深为1.5m时，冻层与潜水面的距离超过了壤砂土和砂土的最大毛细水上升高度，潜水入流总量急剧减小。随着潜水位埋深的增加，外界气象、冻层等因素对潜水入流影响逐渐减弱。

6.3　不同冻结气温降幅下潜水入流量变化规律

在地表负积温作用下，冻层逐渐向下发展，在土壤冻结过程中，一部分液态水相变为冰，土壤未冻水含量减少，基质势降低。在土壤基质势梯度作用下，土壤未冻结区水分不断向冻结锋面迁移并冻结，引起地下水浅埋区潜水不断流入非饱和带土壤。地表负积温的高低决定了水分相变和冻层向下发展的速率，所以冻结气温的不同势必影响潜水向非饱和带土壤的入流量。季节性冻融期田间自然冻结条件下，大气温度在日内不断的波动变化，无规律可循，所以无法分析冻融期气温变化对潜水入流量的影响。因此，只能采用室内冻结试验来分析冻结气温对地下水向土壤水转化的影响。

图6.10为砂壤土和粉质粘壤土在3种不同冻结气温的方案下的潜水入流量变化图。可见，在同样的冻结气温条件下，砂壤土潜水入流量大于粉质粘壤

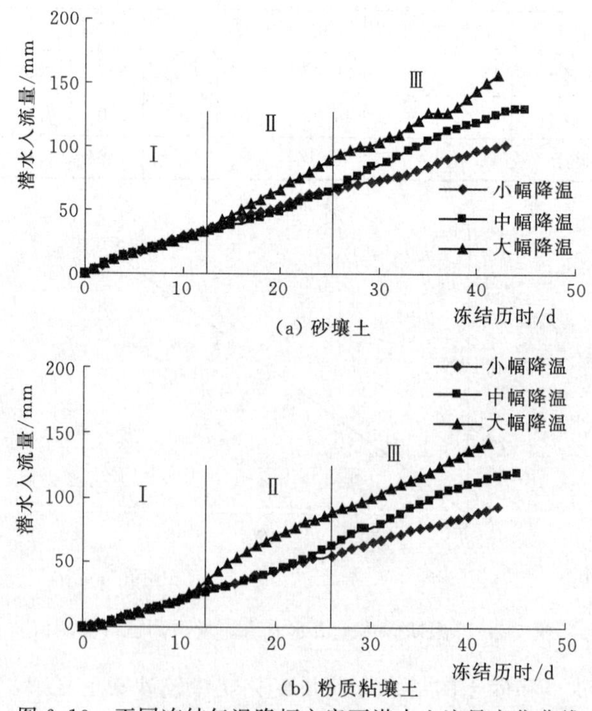

图6.10　不同冻结气温降幅方案下潜水入流量变化曲线

土。在-5℃冻结气温冻结 7d 后，砂壤土和粉质粘壤土的潜水入流量分别为 20.1mm 和 13.4mm。随着冻结气温的不断降低，潜水入流量随着冻结时间持续增加。但不同变幅的气温冻结对潜水入流影响较明显，当冻结气温降幅较大时，土壤剖面温度梯度必然增大，水分相变率变大，所以潜水入流量较大。

6.3.1 气温降幅对潜水入流量的影响

温度梯度可看做是一种外力，这种外力产生了冻结土壤水分迁移的土壤水量梯度，温度高的地方土壤含水量大，温度低的地方土壤含水量小，在土壤水量梯度作用下，土壤中的未冻水沿着温度降低的方向迁移，剖面水分迁移量的大小随温度梯度的增大而增加。水分迁移量与温度梯度成正比，即

$$Q=-S_p\times\Delta T \tag{6.6}$$

式中 S_p——分凝势（与具体的试验条件，土的冻结速率，土壤的含水率等因素有关）；

ΔT——温度梯度。

薄膜迁移理论认为，介于冰和土壤颗粒间的未冻水膜的厚度是温度的函数。在一定温度下未冻水膜厚度保持不变，靠近冰透镜体生长点的水膜被吸入冻结，此处的未冻水膜变薄，使原处于平衡状态的未冻水—冰—土壤颗粒系统失去平衡。为了维持新的平衡，未冻水膜较厚处的水分向温度较低的未冻水膜变薄处迁移，这种迁移是一种连续的从高温向低温处、从薄膜水厚处向薄膜水薄处迁移的过程。薄膜水迁移理论，它把冻结过程中未冻水迁移与温度梯度联系起来。在一定温度和冰相压力下，水膜相对厚度保持不变。如果冻土体内的水膜厚度大于平衡水膜厚度，则就有相应的未冻土发生相变成冰或水分被排出。如果冻土体内的水膜厚度小于平衡水膜厚度，则就有相应的冰相变成未冻水或未冻水从外界流入。在冻结过程中，冻土体内的水分驱动力就是处于这种平衡态的未冻水孔隙水压力与真实状态的孔隙水压力的差值，水分迁移正是沿着这种压力差的梯度进行。

对于同一种土壤质地而言，在负温冻结条件下，土壤刚开始冻结时潜水入流量相差较小，随着冻结气温不断降低，土壤剖面温度梯度增加，潜水入流量不断增大。由图 6.10 可知，随着冻结历时的增加，3 种冻结方案下潜水入流量差值越来越大。冻结结束时，3 种冻结方案下潜水入流量的关系是：方案 3>方案 2>方案 1。

不同气温降幅下土壤冻结的速率不同，小幅降温冻结下，土壤冻结过程相对缓慢，土壤剖面温度梯度较小；大幅降温冻结下，土壤剖面温度梯度较大，表层土壤快速在原位冻结。在地下水浅埋区，土壤剖面温度梯度的差异决定了潜水入流量的大小。对于同一种土壤质地，在冻结气温作用下土壤不断向下冻

结，在冻结第7d实施第一次降温后冻结气温为－12～－8℃，土壤冻结深度约10cm，对潜水入流量影响较小，所以3种冻结方案的潜水入流量曲线几乎重合，即潜水入流的第Ⅰ阶段。

在潜水入流的第Ⅰ阶段，由于大幅降温的冻结气温为－12℃，所以其地表负积温相对较大，冻层向下发展的速率较快。之后，随着冻层的向下发展，大幅降温冻结下的土壤剖面水分迁移量增加，潜水入流量较其他两种冻结方案增大较快，即潜水入流的第Ⅱ阶段（砂壤土为第13d，粉质粘壤土为第11d），小幅降温和中幅降温冻结下土壤在该阶段冻结深度达到20cm，潜水入流量相差较小，潜水入流量曲线几乎重合。第Ⅱ阶段末，大幅降温冻结下潜水入流量较小幅降温和中幅降温冻结下高约27.0mm（砂壤土）～30.8mm（粉质粘壤土）。

6.3.2 土壤质地对潜水入流量的影响

土壤质地决定了其颗粒直径大小组合状况的不同，土壤颗粒直径越小，其比表面积越大，对水分子的静电吸附力就越强，土壤水力传导度越小；反之，土壤颗粒直径越大，水力传导度越大。在地下水浅埋条件下，潜水在毛细作用下上升的高度与土壤质地息息相关，本研究设定潜水位埋深为87.5cm，小于两种土样的最大毛细上升高度，因此冻结过程中潜水入流速率主要由土壤的水力传导度决定，由于砂壤土的水力传导度大于粉质粘壤土，所以在同一冻结气温降幅方案冻结下，砂壤土的潜水入流量大于粉质粘壤土，小幅、中幅和大幅降温冻结下，第41d砂壤土潜水入流量较粉质粘壤土潜水入流量分别高8.6mm、11.5mm和14.2mm。可见，冻结气温降幅越大，土壤质地对潜水入流量的影响越明显。

由图6.10可见，在3种不同冻结气温降幅的冻结下，砂壤土潜水入流量在第13d出现差异，而粉质粘壤土在第11d出现差异，较砂壤土提前2d；粉质粘壤土进入第Ⅱ阶段和第Ⅲ阶段的时间较砂壤土提前2～3d，这说明土壤颗粒直径越小，冻结气温的降幅对潜水入流量变化产生的影响越早，即潜水入流量对冻结气温降幅的响应越早。

6.4 冻融期潜水与土壤水的相互转化量分析

冻融期潜水与土壤水的转化实际上就是在冻融期土壤冻结引起的潜水向土壤剖面入流（即潜水向土壤水转化，也称潜水耗损量）和土壤剖面冻层消融水对地下水的入渗回补（即土壤水向潜水转化，也称融水回归量），因此，冻融期潜水与土壤水的转化程度可采用“冻融期潜水补耗差”来表征，即冻融期潜水的入渗补给量与潜水向土壤剖面的入流量之差。

$$Q_{bh}=Q_{re}-Q_{in} \tag{6.7}$$

式中　Q_{bh}——冻融期潜水补耗差，mm；

Q_{re}——冻融期潜水入渗补给量，mm；

Q_{in}——冻融期潜水入流量，mm。

非冻期，在不考虑其他因素影响的情况下，当潜水位埋深较浅时，潜水补耗差为负值，随着潜水位埋深的增加，潜水蒸发量相对减小，获得的补给量逐渐增大，其补耗差可为正值。那么，在季节性冻融期，当潜水位埋深等于某一值时，潜水的补耗差为零，这一深度称为“冻融期潜水零补耗差深度（D_{zero}）”。潜水蒸发极限深度与潜水零补耗差深度是不同的，潜水零补耗差深度处仍存在潜水蒸发，只是在某一计算时段内潜水入渗补给量等于潜水蒸发量。研究冻融期潜水与土壤水的转化规律，其目的之一在于确定冻融期的潜水零补耗差深度，当潜水位埋深小于 D_{zero} 时，整个冻融期的潜水补耗差为负值，表现为地下水向土壤水转化，不利于潜水保护，潜水遭到净蒸发损耗。当潜水位埋深大于 D_{zero} 时，潜水补耗差为正值，表现为土壤水向地下水转化，有利于潜水入渗补给。可见，“冻融期潜水零补耗差深度”这一概念的提出对于保护地下水浅埋区水资源，防止潜水无效蒸发损耗具有重要的指导意义。

6.4.1　潜水的补给与耗损

1. 土壤水向潜水的转化量

在冻融期，地下水浅埋区潜水的补给来源为少量的大气降水入渗补给和冻层融水回归补给，由于土壤质地和潜水位埋深的影响，不同潜水位埋深下砂壤土、壤砂土和砂土潜水获得的补给量不同，潜水位埋深越大，非冻期降雨入渗水分向下运动路径越长，补给潜水需要时间较长；此外，土壤剖面大部分水分受地表冻层的影响也越小。冻融期潜水补给量详见表6.12～表6.14。

表6.12　砂壤土冻融期潜水补给量　　单位：mm

冻融期	日期/(年-月)	潜水位埋深								
		0.5m	1.0m	1.5m	2m	2.5m	3.0m	3.5m	4.0m	5.0m
2004—2005年	2004-11	2.63	0.5	0.02	0.13	0.27	0.38	—	—	—
	2004-12	2.48	0	0	1.04	0.69	5.12	—	—	—
	2005-01	0.46	0.04	0	0.53	0.78	2.87	—	—	—
	2005-02	0.52	0.92	0	0.58	0.69	0.78	—	—	—
	2005-03	9.73	19.27	15.1	5.34	0.53	1.12	—	—	—
	小计	15.82	20.73	15.12	7.62	2.96	10.27	—	—	—

续表

冻融期	日期/(年-月)	潜水位埋深								
		0.5m	1.0m	1.5m	2m	2.5m	3.0m	3.5m	4.0m	5.0m
2005—2006 年	2005-11	0	0	0	0.26	0.27	3.09	3.16	—	—
	2005-12	2.59	0	0	0.3	0.98	2.95	3.19	—	—
	2006-01	2.48	0.18	0	0	0.84	2.81	0.92	—	—
	2006-02	0.84	6.19	3.2	0.18	0.71	1.55	3.22	—	—
	2006-03	3.66	10.49	12.7	3.3	0.32	0.72	2.25	—	—
	小计	9.57	16.86	15.9	4.04	3.12	11.12	12.74	—	—
2006—2007 年	2006-11	0	0	0	0.08	0.68	0.55	0.98	2.11	2.65
	2006-12	0	0	0	0.05	0.57	1.32	1.66	2.25	2.37
	2007-01	0.62	1.19	0.89	0.37	0.72	1.42	2.74	3.06	5.37
	2007-02	0.53	3.26	3.2	1.18	0.71	1.55	3	2.31	3.88
	2007-03	9.21	10.68	14.82	3.05	0.66	2.26	2.05	1.26	1.25
	小　计	10.36	15.13	18.91	4.73	3.34	7.1	10.43	10.99	15.52

表 6.13　　壤砂土冻融期壤潜水补给量　　单位：mm

冻融期	日期/(年-月)	潜水位埋深							
		0.5m	1.0m	1.5m	2m	3.0m	3.5m	4.0m	5.0m
2004—2005 年	2004—11	1.35	2.74	0.03	0.25	0.94	—	—	—
	2004—12	5.65	0	0.06	1.45	3.4	—	—	—
	2005-01	13.2	0.99	0.1	0.65	1.61	—	—	—
	2005-02	2.34	1.93	0.67	0.8	1.43	—	—	—
	2005-03	0	24.02	4.12	0.71	1.64	—	—	—
	小　计	22.54	29.68	4.98	3.86	9.02	—	—	—
2005—2006 年	2005-11	0	0	0.03	0.27	1.74	3.74	—	—
	2005-12	6.25	0	0.01	0.72	1.95	2.58	—	—
	2006-01	4.09	0.15	0	0.37	1.71	1.47	—	—
	2006-02	0.43	19.12	3.57	0.39	1.33	2.84	—	—
	2006-03	4.25	16.81	1.61	0.36	1.61	0.92	—	—
	小　计	15.02	36.08	5.22	2.11	8.34	11.55		
2006—2007 年	2006-11	2.48	0.23	0	0.2	1.34	1.82	1.5	2.99
	2006-12	0	0.81	0	0.01	1.89	2.73	3.25	3.64
	2007-01	4.09	0.99	0.03	0.65	1.61	2.74	2.6	5.75
	2007-02	1.03	12.13	0.67	0.8	1.43	2.3	2.23	3.21
	2007-03	4.26	12.37	1.74	1.36	0.56	1.05	1.24	1.44
	小　计	11.86	26.53	2.44	3.02	6.83	10.64	10.82	17.03

表 6.14　　砂土冻融期潜水补给量　　单位：mm

冻融期	日期/(年-月)	潜水位埋深						
		0.5m	1.0m	1.5m	2m	2.5m	3.0m	3.5m
2004—2005年	2004-11	0.2	0.06	0.01	0.31	0.72	0.96	—
	2004-12	6.96	0	1.65	1.92	2.62	1.32	—
	2005-01	3.22	0	0	0.1	0.79	0.16	—
	2005-02	3.3	5.29	0	0.25	0.65	0.11	—
	2005-03	5.08	18.99	0.27	0.28	0.58	1.82	—
	小　计	18.76	24.34	1.93	2.86	5.36	4.37	—
2005—2006年	2005-11	0	0	0	0.8	2.21	3.47	3.81
	2005-12	7.74	0	0	0	0.92	1.02	2.46
	2006-01	5.89	0.1	0.1	0.01	0.96	1.64	1.93
	2006-02	4.3	21.03	0	0.52	1.04	1.19	2.02
	2006-03	1.05	3.52	0.47	0.75	0.95	0.1	0.22
	小　计	18.98	24.65	0.57	2.08	6.08	7.42	10.44
2006—2007年	2006-11	3.12	0.04	0.08	0.34	1.26	2.59	1.53
	2006-12	0	0	0	0.01	0.46	1.36	4.94
	2007-01	7.28	0	0	0.06	0.72	0.32	1.93
	2007-02	2.02	5.56	0.76	0.65	0.43	1.39	2.02
	2007-03	4.58	13.01	2.5	1.34	0.7	1.57	0.47
	小　计	17.0	18.61	3.34	2.4	3.57	7.23	10.89

由表可见，潜水位埋深越小（小于2.0m），潜水接受冻层融水补给越多，补给量主要集中在2月和3月。随着埋深增大，补给路径变长，得到的冻层融水补给量逐渐减少而且明显表现出补给滞后性，当潜水位埋深大于3.0m时，潜水的补给量主要集中在12月、1月和2月，以冻结前的大气降水补给为主。在快速冻结阶段，由于冻层冻结使得水分在土水势梯度作用下向冻结锋面处聚集，潜水获得的补给量较少；消融期，冻层不断消融，融水向下补给潜水，潜水位埋深越小，冻层融水量越大，当潜水位埋深小于2.0m时，潜水补给量较大。2月潜水获得的补给量有所增加，但补给量较小；3月，冻层彻底消融解冻，补给量呈明显增加。

2. 潜水向土壤水的转化量

在冻融期，潜水的耗损是由于土壤水分运移引起的，根本动力就是土水势梯度，同时地表蒸发、土壤剖面水分冻结均可引起地下水浅埋区的地下水源源不断流入土壤剖面，导致地下水向土壤水转化，冻融期地下水的耗损量实际上就是潜水向土壤剖面的入流量。土壤质地、潜水位埋深等均影响潜水耗损量的大小，冻融期各月份不同潜水位埋深下砂壤土、壤砂土和砂土的潜水耗损量统计结果见表6.15～表6.17。

表6.15　　砂壤土冻融期潜水耗损量　　单位：mm

冻融期	日期/(年-月)	潜水位埋深								
		0.5m	1.0m	1.5m	2m	2.5m	3.0m	3.5m	4.0m	5.0m
2004—2005年	2004-11	11.99	6.64	5.16	2.61	3.28	0.24	—	—	—
	2004-12	27.15	17.26	8	4	0.26	0.01	—	—	—
	2005-01	0.39	28.5	18.67	6.52	0.44	0.13	—	—	—
	2005-02	0.29	6.57	5.22	8.53	0.56	2.21	—	—	—
	2005-03	21.34	0.27	0.02	1.71	0.48	1.23	—	—	—
	小　计	61.16	59.24	37.07	23.37	5.02	3.82	—	—	—
2005—2006年	2005-11	15.39	4.99	5.78	1.31	0.32	0.06	0.18	—	—
	2005-12	17.16	24.58	10.29	5.14	0.74	0.29	0.71	—	—
	2006-01	1.89	16.15	17.76	5.62	1.64	0.18	1.09	—	—
	2006-02	10.13	3.93	1.76	2.11	0.79	1.69	0.88	—	—
	2006-03	8.93	1.47	0.49	0.38	0.52	1.21	0.61	—	—
	小　计	53.5	51.12	36.08	14.56	4.01	3.43	3.47	—	—
2006—2007年	2006-11	7.77	5.35	4.74	1.25	0.61	0.26	0.12	0.06	0.06
	2006-12	21.58	22.56	10.66	4.56	1.21	0.77	0.55	0.13	0.1
	2007-01	2.77	9.67	17.66	5.43	1.88	1.39	1.23	0.59	0.25
	2007-02	12.51	3.52	1.79	1.45	0.88	0.77	0.92	0.57	0.34
	2007-03	5.86	0.2	0.06	1.07	0.51	0.69	0.42	0.2	0.14
	小　计	50.49	41.3	34.91	13.76	5.09	3.88	3.24	1.55	0.89

表6.16　　壤砂土冻融期潜水耗损量　　单位：mm

冻融期	日期/(年-月)	潜水位埋深							
		0.5m	1.0m	1.5m	2m	3.0m	3.5m	4.0m	5.0m
2004—2005年	2004-11	6.95	3.39	2.62	0.39	0.01	—	—	—
	2004-12	21.43	21.7	3.21	0.5	0.14	—	—	—
	2005-01	0.12	32.75	6.79	1.44	0.57	—	—	—
	2005-02	0.34	1.19	3.8	0.78	0.43	—	—	—
	2005-03	26.17	4.91	0.1	0.6	0.71	—	—	—
	小　计	55.01	63.94	16.52	3.71	1.86	—	—	—

续表

冻融期	日期/(年-月)	潜水位埋深							
		0.5m	1.0m	1.5m	2m	3.0m	3.5m	4.0m	5.0m
2005—2006年	2005-11	11.15	1.94	2.17	0.2	0	0.01	—	—
	2005-12	13.25	41.92	5.07	0.49	0.17	0.48	—	—
	2006-01	1.21	17.12	4.12	1.17	0.3	0.1	—	—
	2006-02	5.53	3.51	1.61	0.42	1.52	0.52	—	—
	2006-03	16.34	0.35	0.76	0.12	0.23	0.13	—	—
	小计	47.48	64.84	13.73	2.4	2.22	1.24	—	—
2006—2007年	2006-11	6.32	6.2	2.16	0.58	0.21	0.15	0.06	0.05
	2006-12	14.39	30.1	5.3	1.44	0.57	0.36	0.15	0.13
	2007-01	0.78	8.16	6.69	0.85	0.85	0.45	0.26	0.23
	2007-02	13.04	2.88	0.06	0.29	0.22	0.15	0.11	0.12
	2007-03	6.89	1.51	0.04	0.12	0.21	0.12	0.06	0.05
	小计	41.42	48.85	14.25	3.28	2.06	1.23	0.64	0.58

表 6.17　　砂土冻融期潜水耗损量　　单位：mm

冻融期	日期/(年-月)	潜水位埋深						
		0.5m	1.0m	1.5m	2m	2.5m	3.0m	3.5m
2004—2005年	2004-11	8.67	3.67	0.34	0.54	0.01	0.01	—
	2004-12	13.25	13.68	0.36	0.01	0.01	0.02	—
	2005-01	0.23	30.86	2.19	0.43	0.44	0.34	—
	2005-02	0.61	1.86	1.53	0.56	0.56	0.16	—
	2005-03	22.44	0.03	1.34	0.48	0.48	0.09	—
	小计	45.2	50.1	5.76	2.02	1.5	0.62	—
2005—2006年	2005-11	4.5	1.27	0.73	0.09	0.04	0	0
	2005-12	8.91	24.82	1.35	0.22	0.2	0.07	0.14
	2006-01	1.72	20.05	2.6	1.19	0.44	0.31	0.19
	2006-02	12.47	1.83	0.69	0.63	0.4	0.19	0.22
	2006-03	16.14	0.82	0.04	0.04	0.13	0.11	0.1
	小计	43.74	48.79	5.41	2.17	1.21	0.68	0.65
2006—2007年	2006-11	4.02	9.31	0.56	0.55	0.25	0.03	0.02
	2006-12	8.8	19.09	1.72	0.57	0.12	0.17	0.15
	2007-01	0.78	6.58	1.63	0.57	0.41	0.23	0.21
	2007-02	14.74	1.61	1.66	0.39	0.36	0.11	0.12
	2007-03	7.9	0.28	0.1	0.19	0.12	0.09	0.04
	小计	36.24	36.87	5.67	2.27	1.26	0.63	0.54

潜水位埋深越小，土壤剖面颗粒越小，冻融期土壤剖面水分冻结引起的潜水入流量越大，快速冻结阶段（12月上旬至翌年1月下旬），不同潜水位埋深下的潜水消耗强度较大，当地下水埋深小于1.0m时，潜水消耗主要集中在12月；当地下水埋深大于1.0m时，潜水消耗主要集中在1月。消融期，冻层消融水一部分向外界蒸发，潜水位埋深较小时，潜水向外界蒸发耗损较大。当潜水位埋深等于0.5m时，潜水消耗速率与损耗量均较大。随着潜水位埋深的增加潜水消耗强度不断减小，当地下水埋深大于0.5m时，不同土壤质地的地下水3月损耗量均小于1.5mm。我国北方在3月干旱少雨，地表蒸发强烈，潜水位埋深为0.5m的砂壤土、壤砂土和砂土潜水耗损量相差较小，当地下水埋深大于1.0m时，潜水耗损量急剧减小。

3. 潜水补耗差

在冻融期，土壤水向下入渗补给潜水和潜水向土壤剖面的入流会导致地下水量的增加与减少，当冻融期土壤水向下入渗补给潜水的量小于潜水向土壤剖面的入流量时，即补耗差为负值，表明冻融期地下水为负平衡，潜水补给土壤水；反之，潜水接受的入渗补给量大于耗损量，土壤水补给地下水。从水资源评价角度来看，合理确定地下水浅埋区冻融期地下水的零补耗差深度对于科学评价地下水资源具有重要意义。表6.18～表6.20为冻融期3种不同土壤质地潜水与土壤水转化的补耗差分析结果。

由表可见，随着潜水位埋深的增加，潜水补耗差逐渐由负值变为正值。冻结期，当砂壤土潜水位埋深小于2.5m、壤砂土和砂土小于2.0m时，潜水补耗差为负值，潜水向土壤水转化；消融期，当潜水位埋深小于0.5m时，潜水

表6.18　砂壤土冻融期潜水补耗差　单位：mm

冻融期	冻结阶段	潜水位埋深								
		0.5m	1.0m	1.5m	2m	2.5m	3.0m	3.5m	4.0m	5.0m
2004—2005年	冻结期	−34.11	−57.27	−36.86	−14.47	−2.46	7.69	—	—	—
	消融期	−11.23	18.76	14.91	−1.28	0.4	−1.24	—	—	—
	小计	−45.34	−38.51	−21.95	−15.75	−2.06	6.45	—	—	—
2005—2006年	冻结期	−29.42	−45.99	−24.97	−12.38	−0.66	8.09	5.29	—	—
	消融期	−14.51	11.73	4.79	1.86	−0.23	−0.4	3.98	—	—
	小计	−43.93	−34.26	−20.18	−10.52	−0.89	7.69	9.27	—	—
2006—2007年	冻结期	−31.81	−47.16	−32.68	−11.51	−1.79	0.87	3.48	6.64	9.98
	消融期	−8.32	20.99	16.68	2.48	0.04	2.35	3.71	2.8	4.65
	小计	−40.13	−26.17	−16	−9.03	−1.75	3.22	7.19	9.44	14.63
平均		−43.13	−32.98	−19.38	−11.77	−1.57	5.79	8.23	9.44	14.63

表 6.19　　壤砂土冻融期潜水补耗差　　单位：mm

冻融期	冻结阶段	潜水位埋深							
		0.5m	1.0m	1.5m	2m	3.0m	3.5m	4.0m	5.0m
2004—2005年	冻结期	−8.33	−54.29	−16	−0.27	5.23	—	—	—
	消融期	−24.14	20.03	4.46	0.42	1.93	—	—	—
	小计	−32.47	−34.26	−11.54	0.15	7.16	—	—	—
2005—2006年	冻结期	−15.39	−61.51	−11.62	−0.55	4.93	7.2	—	—
	消融期	−17.07	32.75	3.11	0.26	1.19	3.11	—	—
	小计	−32.46	−28.76	−8.51	−0.29	6.12	10.31	—	—
2006—2007年	冻结期	−14.92	−42.93	−14.14	−2.08	3.21	6.33	6.88	11.97
	消融期	−14.64	20.61	2.33	1.82	1.56	−1.56	2.53	−1.79
	小计	−29.56	−22.32	−11.81	−0.26	4.77	9.41	10.18	16.45
平均		−31.50	−28.45	−10.62	−0.13	6.02	9.86	10.18	16.45

表 6.20　　砂土冻融期潜水补耗差　　单位：mm

冻融期	冻结阶段	潜水位埋深						
		0.5m	1.0m	1.5m	2m	2.5m	3.0m	3.5m
2004—2005年	冻结期	−11.93	−48.83	−2.0	1.13	3.45	2.07	—
	消融期	−14.51	23.07	−1.83	−0.29	0.41	1.68	—
	小计	−26.44	−25.76	−3.83	0.84	3.86	3.75	—
2005—2006年	冻结期	−1.76	−47.13	−4.73	−0.98	3.39	5.75	7.87
	消融期	−23	22.99	−0.11	0.89	1.48	0.99	1.92
	小计	−24.76	−24.14	−4.84	−0.09	4.87	6.74	9.79
2006—2007年	冻结期	−3.2	−35.35	−4.16	−1.34	1.59	3.84	8.02
	消融期	−16.04	17.09	1.83	1.47	0.72	−1.53	−1.42
	小计	−19.24	−18.26	−2.33	0.13	2.31	6.6	10.35
平均		−23.48	−22.72	−3.67	0.29	3.68	5.70	10.07

补耗差均为负值，当潜水位埋深为 1.0m 时，由于冻结期引起的潜水入流量较大，潜水接受消融水的补给量大于潜水消耗量，土壤水向潜水转化。就整个冻融期而言，潜水位埋深越小，潜水补耗差负值越大，土壤水分运动表现为蒸发型，表明地下水-土壤水系统在整个冻融期潜水耗损严重，水分向大气散失量较大，地下水资源受到了无效损耗，同时还会引起土壤盐渍化等生态环境问题。潜水位埋深大于 3.0m 时，土壤剖面对水分具有一定的调节作用，土壤水分运动表现为入渗型，冻融期冻结作用及毛细作用对潜水的耗损影响程度相对较小，而且潜水位埋深越大的土壤剖面中水分在不断向下运动补给潜水，补耗差正值较大。

根据对2004—2007冻融期平均潜水补耗差与潜水位埋深之间的关系进行相关分析，结果表明潜水补耗差与潜水位埋深的关系可用如下关系式表示：

$$Q_{bh}=a\ln H_g+b \tag{6.8}$$

式中　Q_{bh}——冻融期潜水补耗差，mm；

H_g——潜水位埋深，$0.5\text{m}\leqslant H_g\leqslant 5.0\text{m}$；

a、b——经验系数，b表示潜水位埋深为1.0m时的潜水补耗差。

图6.11为冻融期不同潜水位埋深下的潜水补耗差随潜水位埋深变化的拟合曲线图。将不同潜水位埋深下的潜水补耗差进行回归分析，回归系数见表6.21。将式（6-8）化为线性方程$Y=aX+b$，在给定显著水平α（取5%）下，$F_{0.05}(p,n-p-1)=F_{0.05}(1,7)=5.59$，$F_{0.05}(1,6)=5.99$，$F_{0.05}(1,5)=6.61$，由表6.22的方差分析结果可知，三种土壤质地的$F$值均大于$F_{0.05}(p,n-p-1)$，说明方程回归显著。

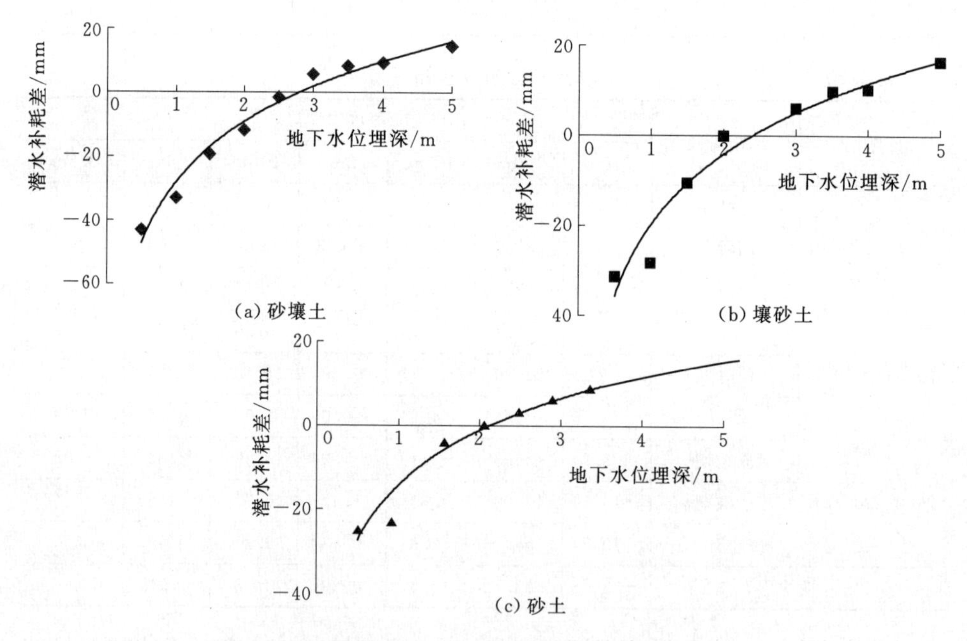

图6.11　冻融期潜水补耗差与潜水位埋深的拟合曲线

表6.21　冻融期潜水补耗差随潜水位埋深变化曲线回归系数

土壤质地	回归系数		相关系数	样本数
	a	b	R^2	N
砂壤土	27.404	−28.165	0.989	9
壤砂土	22.737	−19.874	0.952	8
砂土	18.852	−14.196	0.910	7

表 6.22 回归显著性检验方差分析结果表

土壤质地	离差			自由度			均方离差		F 值
	$Q_{回归}$	$Q_{剩余}$	Q_T	p	$n-p-1$	$n-1$	$S_{回归}$	$S_{剩余}$	
砂壤土	3238.111	74.740	3312.851	1	7	8	3238.111	10.677	303.275
壤砂土	2211.305	111.071	2322.375	1	6	7	2211.305	18.512	119.454
砂土	1000.006	98.773	1098.779	1	5	6	1000.006	19.755	50.621

令式（6.8）左端等于零，根据表 6.21 回归系数计算得出砂壤土、壤砂土和砂土的冻融期零补耗差潜水位埋深分别为 2.79m、2.40m 和 2.12m。由表 6.21 可以看出回归系数 a 随着土壤剖面颗粒粒径的增大而减小，表明随着土壤颗粒粒径的增大，冻融期潜水补耗差随着潜水位埋深的变化率减小；b 的绝对值随着土壤剖面颗粒粒径的增大而减小，反映了在特定的潜水位埋深下（1.0m 埋深），潜水与土壤水的转化程度随着土壤剖面颗粒粒径的增加而减弱。上面分析可知，回归系数 a 和 b 的变化与土壤剖面颗粒粒径有密切的关系，a 和 b 均与土壤平均粒径满足线性关系（图 6.12）：

$$
\begin{aligned}
a &= -566.06d_u + 33.19 \\
b &= 930.47d_u - 37.49
\end{aligned}
\tag{6.9}
$$

式中 d_u ——土壤剖面平均粒径，mm。

对于某一土壤质地，如果其土壤平均粒径为 d_u，那么可由式（6.9）确定系数 a 和 b，进而可根据式（6.8）计算冻融期地下水浅埋区的潜水补耗差。

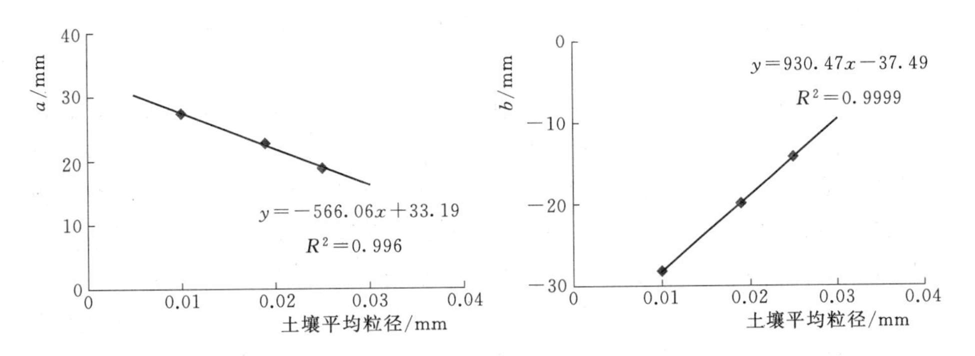

图 6.12 回归系数与土壤平均粒径的关系

6.4.2 影响因素分析

1. 土壤质地

3 种土壤质地中，砂壤土孔隙较小，潜水通过毛细作用上升高度大，在潜水位埋深相同的条件下，砂壤土潜水向土壤水转化强烈，也就是潜水的耗损强度大，由于砂壤土渗透性相对较弱，潜水接受补给的过程缓慢，冻融期潜水补给量较壤砂土和砂土小，因此，砂壤土的潜水补耗差负值最大，正值最小，冻融期零补耗差潜水位埋深就大。壤砂土和砂土孔隙较大，渗透性好，而支持毛细上升高度相对较小，潜水通过毛细作用向土壤水的转化量较小，砂土潜水补耗差负值最小，潜水与土壤水转化强度较弱。冻融期壤砂土和砂土的零补耗差潜水位埋深较砂壤土小0.39m和0.67m。可见，土壤剖面颗粒越细，潜水与土壤水转化越强烈；反之，土壤剖面颗粒越粗，毛细作用力较弱，潜水与土壤水转化就越弱。

2. 潜水位埋深

土壤质地一定时，冻融期潜水补给量随着潜水位埋深的增大呈现出先减小后增大的规律，砂壤土在埋深为2.5m时获得的补给量最小，壤砂土和砂土在埋深为2.0m时获得的补给量最小，这主要是由于潜水位埋深较浅时冻融作用的影响较大。当潜水位埋深较大时，土壤剖面下部的水分基本不受上部土壤冻融影响，而且埋深越大土壤剖面的土壤水储存空间越大，对地下水的补给量越多；另一方面，地表蒸发和土壤冻融作用引起的潜水向土壤水转化量也较小，所以补耗差正值较大。

6.5　本章小结

本章对不同潜水位埋深下潜水蒸发量及潜水与土壤水的转化进行了定量分析，研究了潜水位埋深、土壤质地对冻融期潜水补耗差、潜水蒸发系数的影响，小结如下：

(1) 年内潜水蒸发量变化特征。潜水蒸发量及潜水蒸发系数随潜水位埋深的增加而减小，当潜水位埋深大于2.5m时，潜水蒸发量变化较小。年潜水蒸发系数（λ）与潜水位埋深（H_g）符合指数型关系，即$\lambda=\alpha e^{\beta H_g}$，$\alpha$物理意义上表征地表土壤的蒸发系数，$\beta$表示当潜水位埋深增加时潜水蒸发系数的衰减强度，系数α和β均与土壤质地有关，与平均粒径呈线性变化关系。

(2) 冻融期潜水入流量变化规律。当潜水位埋深小于2.5m时，冻融期砂壤土潜水入流总量随潜水位埋深的增加呈线性减少。冻结期累积潜水入流量(Q)与冻结历时（T）具有较好的相关性，二者符合幂指数关系，即$Q=AT^{0.5}+B$。

(3) 不同冻结气温降幅对潜水入流量的影响。冻结气温降幅越大，潜水入流量受土壤质地的影响越大。在小幅、中幅和大幅降温冻结下，第41d砂壤土潜水入流量较粉质粘壤土潜水入流量分别高8.6mm、11.5mm和14.2mm。土壤颗粒直径越小，潜水入流量对冻结气温降幅的响应越早。

(4) 冻融期潜水与土壤水转化。砂壤土、壤砂土和砂土冻融期零补耗差潜水位埋深分别为 2.79m、2.40m 和 2.12m。冻融期潜水补耗差 Q_{bh} 与潜水位埋深 H_g 之间的关系密切，满足 $Q_{bh}=a\ln H_g+b$，其中经验系数 a 和 b 均与土壤平均粒径 d_u 呈线性变化趋势。

参 考 文 献

［1］ 孙明，薛明霞，王立琴．潜水蒸发与埋深关系模型研究［J］．山西水利科技，2003，(3)：16－18.

［2］ 徐学祖，邓友生．冻土中水分迁移的实验研究［M］．北京：科学出版社，1991.

［3］ 高维跃，徐学祖．土层冻结期地下水入流量的现场观测［J］．冰川冻土，1989，11 (2)：138－147.

［4］ 雷志栋，尚松浩，杨诗秀，等．土壤冻结过程中潜水蒸发规律的模拟研究［J］．水利学报，1999，30 (6)：6－10.

［5］ 童菊秀，杨金忠，岳卫峰，等．冻结期与融解期潜水蒸发系数模拟研究［J］．灌溉排水学报，2007，26 (2)：21－25.

［6］ 张展鸿．土壤冻结期潜水蒸发规律分析［J］．地下水，2012，34 (5)：16－17.

［7］ Yeh P J－F，Famiglietti J S. Regional ground water evapotranspiration in illinois［J］. Journal of Hydrometeorology，2009，10 (2)：464－478.

［8］ Shang Songhao and Mao Xiaoming. Research progress on evaporation from phreatic water［J］. Advances in Science and Technology of Water Resources，2010，30 (4)：85－90.

第7章　冻融期土壤水热耦合迁移机理

7.1　土壤冻融过程中的物理现象

1. 水分迁移

土壤剖面中的水分迁移包括液态水和气态水的迁移两部分。自然界中一切物质是在能量的驱动下运动的，包括动能和势能。由于水分在土壤剖面孔隙中的运动速度缓慢，其动能常忽略不计，所以“土水势”就是土壤剖面中水分运动的势能。对于冻融期土壤剖面中水分迁移而言，任意两点的土水势之差，即土水势梯度为两点间水分运动的驱动力。冻结期土壤剖面水分运移除受基质势和重力势作用外，更重要的是受温度势的影响。消融期土壤剖面水分运移受基质势、重力势和温度势共同影响，但以基质势为主，

土壤冻结过程中，一部分液态水冻结为冰，液态水量减少，基质势降低，从而使冻层的土水势减小。在土水势梯度作用下，土壤未冻结区水分不断向冻结锋面迁移并冻结，致使冻结锋面处含水率增加而发生剧烈变化，因此，冻结锋面处是含水率的峰值区。在土壤剖面上层融化过程中，冻结期积聚于冻土层的水分融化，土壤水分变化活跃，在冻层以上融层内的水分向上运移蒸发，并在重力势梯度作用下向下迁移，所以融化锋面处也出现含水率的峰值区，冻层以下土壤水分变化较小，属于水分稳定层。

水汽扩散是由土壤中水汽密度梯度所引起的，而水汽密度取决于土壤温度（决定饱和水汽密度）和基质势（决定于土壤的相对湿度）。在冻结状态下，土壤温度较低，而基质势的绝对值很大，因此土壤中的水汽密度较小。土壤中由水汽扩散所产生的水分通量与液态水分迁移通量相比相对较小[1]。

冻土中的液态水分迁移通量采用非饱和土壤水分运动的 Darcy - Richards 方程来描述：

$$q_l = -K(\Psi_m)\nabla\Psi = -D(\theta_u)\nabla\theta_u \tag{7.1}$$

式中　q_l ——冻土中的液态水分迁移通量，m^2/s；

$K(\theta_u)$ ——土壤水力传导度，m/s；

$D(\theta_u)$ ——土壤水扩散率，m^2/s；

Ψ 和 Ψ_m ——总土水势和基质势，m；

θ_u ——液态水含水率，m^3/m^3。

2. 热对流和热传导

冻融土壤系统水分迁移的同时伴随着热量的对流迁移，对流通量的大小主要取决于液态水迁移通量，即：

$$J_h = -\rho_l c_l \nabla (q_l T) \tag{7.2}$$

式中　J_h ——对流热通量，$kJ/m^2 \cdot h$；

ρ_l ——液态水密度，kg/m^3；

c_l ——液态水比热容，$kJ/m^3 \cdot ℃$；

T——土壤温度，℃。

土壤热传导指热量从高温区向低温区传递，其驱动力为温度梯度，采用均质、各向同性固体中的热传导方程——Fourier 方程来研究土壤中热传导通量：

$$J_T = -k \nabla T \tag{7.3}$$

式中　J_T ——热传导通量，$kJ/m^2 \cdot h$；

k ——土壤导热系数，W/（m·℃）；

∇T ——温度梯度，℃/m。

土的导热系数 k 反映了土体的导热能力，是干容重、含水率和温度的函数，并与土的矿物成分和结构有关。干容重相同时，k 随土壤含水率的增大而增大；干容重和含水率相同时，一般粗颗粒土的导热系数大于细颗粒土[2]。

3. 固—液相变及相变潜热的释放（吸收）

水与冰之间的相互转化及该过程中相变潜热的释放（或吸收）是土壤冻融过程所特有的现象。正是由于这一点，使得冻融土壤中的水热迁移与非冻土有显著的不同。

7.2　冻融期土壤水热耦合迁移机理

土壤的冻融是一个复杂的过程，它伴随着物理、物理化学和力学的现象，最主要的包括水分的相变和水分迁移，热量的对流和传导。水分迁移是土壤冻结过程中各种势能综合作用下的质量迁移，该过程伴随着热量的迁移。从整个水文循环进程来看，土壤剖面水分处于不断的运动过程之中，参与大气、地表水及浅埋区潜水的水文大循环。从形态学观点来看，土壤剖面中水分的运动取决于控制水分的各种力的变化，包括土粒对水分的吸引力、水的表面张力、重力、渗透压和水汽压等。冻融期土壤剖面中水分的运动形式主要有毛管水上升、蒸发和气化、水汽扩散、薄膜水迁移、毛管水迁移和消融水分下渗等。根据水文地质学中地下水形态的划分可知，土壤水分为结合水（分吸湿水、薄膜水）、毛管水（分毛管悬着水与毛管上升水）和重力水（分上层滞水与渗透重力水）。吸湿水被土粒吸附于土粒表面，是土壤剖面中的土粒外围第一层水膜，不能移动；第二层水膜为薄膜水，当吸湿水达到最大量后，土粒已无足够力量吸附空隙中活动力较强的水汽分子，由这种吸着力吸持的水分使吸湿水外面的水膜逐渐加厚，形成薄膜水，薄膜水具有可移动性，它能以湿润的方式沿土粒表面从水膜厚的土粒向水膜薄的土粒缓慢移动，水膜厚则迁移快，水膜过薄而失去连续性时，液态水停止迁移；土壤剖面中的土粒之间的细小孔隙就像一根根毛管一样，当土粒含水量继续增大，薄膜水外围会出现毛管水，在接近潜水面附近的土壤剖面中，水在毛细管力作用下，沿着土体中裂隙和冻土中的孔隙所形成的毛细管向冻结锋面迁移。黏性土中因土颗粒细小、比表面积大、孔隙小，水分迁移所受摩擦力大，且胶体易阻塞孔隙，但由于毛细势大，所以水分迁移速度慢但迁移距离远。

在冻结过程中，土壤水分迁移运动及剖面水分分布与热流及土壤剖面温度是相互影响和联系的。通常情况下，土壤含水率的分布和变化，将使土体剖面热特性参数、比热容和导热系数等随时间发生变化，土体中的热流及剖面温度的变化反过来影响土壤水分的迁移运动。土壤温度对土壤水分运动的影响可归结为温度影响水的特性、封闭气体及水汽运动等几个方面：

(1) 土壤温度的改变使土壤表面张力和黏滞度发生改变。温度是导致土壤中水分相变、制约未冻水含量及相应制约土水势的一个重要因素，温度越高水的黏滞系数越小，从而引起土壤水势发生改变。从能量观点来说，水平一维土壤中土水势分量只考虑温度势梯度和基质势梯度，重力势、压力势均为零。由于溶质势的影响相对微小，可以忽略。当土壤吸热后，温度升高使该处土壤水和空气界面上的表面张力增加，而土壤水吸力减小，非饱和土壤水分便从吸力低处流向吸力高处，即土壤水分从暖端流向冷端。

(2) 土壤颗粒内封闭的气体可以看成是理想气体，在温度升高时气体状态发生变化，高温处气体的运动速度比低温度处快，而相对于该封闭土壤体系来说，气体需要相互平衡以达到能量守恒。因此，气体的运动会在微观上影响土壤水分的运动，导致土壤水分的运动变化。

(3) 温度直接影响土壤中水汽的密度和水汽压，温度过高会导致土壤水从液态向气态转化。温度越高，水汽压越高，所以导致水汽从水汽压高处向水汽压低处运移。因此，温度势梯度对土壤水分的影响最终体现在水分沿着温度势梯度的正方向运动，且水分同时以气态和液态形式运移，为两相流动。

温度梯度可以看成是一种外力，温度高的地方土水势大（负压小），温度低的地方土水势小（负压大），所以，在土水势梯度作用下，冻结土壤中未冻水分从温度高的地方向度低的地方发生迁移。在温度高的地方，由于未冻水含量减少而破坏了该点的冰水之间的热力平衡，未冻水势能低于冰，产生了由冰指向未冻水方向的势梯度，引起冰向未冻水的过渡，导致温度高的地方含冰量和总含水量的减少。另一方面，温度低的地方，由于未冻水含量的增大而破坏了该地冰、水之间的热力平衡，导致了未冻水向冰方向的相转化，含冰量和总含水量不断增高。这样的过程贯穿整个土壤剖面垂直方向进行。在室内潜水浅埋单向冻结条件下，源源不断的地下水供给使剖面土壤含水率发生不断的重分布。

在潜水浅埋条件下，尽管季节性冻融期地表蒸发相对较弱，但潜水与土壤水之间的迁移转化却异常剧烈。在土壤冻结过程中，潜水向冻层迁移并累积于冻层；在土壤消融过程中，冻层水分融化后向下迁移补给潜水。土壤冻结期潜水的消耗强度、消融期土壤水分补给潜水强度都比较大。潜水的消耗与补给主要是由土壤冻融作用所诱导的内部水分迁移与转化所引起的。潜水位埋深越大，土壤冻结锋面到地下水位的距离加长，相同条件下潜水向上补给的路径增加和土水势梯度减小，同时刻潜水入流量越小。此外，土壤质地不同影响毛细水上升高度。土壤质地的不同实质上是土壤剖面颗粒粒径大小的不同，不同的土壤粒径决定了其水力特性不同。因此，潜水浅埋条件下不同土壤质地对水分运动速度和冻结速率的影响较显著。土壤颗粒平均粒径越大，那么其水力传导系数就越大，在同样的土水势梯度下，剖面水分迁移量就越大。所以，土壤质地影响土壤温度梯度，温度梯度影响水分迁移，土壤质地对冻结过程中土壤水分迁移及剖面土壤含水率的变化占有主导作用。

参考文献

[1] Kung S K J and Steenhuis T S. Heat and moisture transfer in a partly frozen nonheaving soil [J]. Soil Science Society of America Journal，1986，508：1114－1122.

[2] 徐学祖，邓友生．冻土中水分迁移的实验研究［M］．北京：科学出版社，1991.